自动驾驶重塑城市时空

Autonomous vehicles reshape the space and time of cities

仲浩天　著

中国建筑工业出版社

图书在版编目（CIP）数据

自动驾驶重塑城市时空 = Autonomous vehicles reshape the space and time of cities / 仲浩天著 .

北京 : 中国建筑工业出版社 , 2024. 8. -- ISBN 978-7 -112-29909-6

Ⅰ. TU984.11; U463.61

中国国家版本馆 CIP 数据核字第 20245L6D56 号

责任编辑：毋婷娴
责任校对：李美娜

自动驾驶重塑城市时空

Autonomous vehicles reshape the space and time of cities

仲浩天　著

*

中国建筑工业出版社出版、发行（北京海淀三里河路9号）

各地新华书店、建筑书店经销

北京方舟正佳图文设计有限公司制版

北京中科印刷有限公司印刷

*

开本：787毫米×960毫米　1 / 16　印张：9　字数：124千字

2025年1月第一版　2025年1月第一次印刷

定价：**58.00**元

ISBN 978-7-112-29909-6

　　　　（43073）

目录

导论　赛博格城市

I　城市与技术创新

　　长期以来，技术创新是人类建构理想生活的尝试，其不断地塑造城市空间形态，催生新的生活方式，重构人与空间的互动关系。城市化过程本质上是经济、社会和技术融合共进的赛博格形式。回顾历史，给水排水技术造就古罗马城市的繁荣，怀表建构城市的工业化时间性，汽车导致城市的扩张等，都体现出技术定义了人类对时间和空间的集体理解，赋予了人类与时间和空间制约的谈判能力，改变了人类在时间和空间中的行为，从而成就了如今承载着人类现代化文明的城市。既然如此，是什么样的特点才使得当今的城市研究学者特别关注智能技术所带来的影响？首先，智能技术的发展和应用具有不确定性，其自身形式、应用场景和潜在影响尚不明晰，导致政策制定者难以依据实证做出治理决策[1]。其次，大部分智能技术尚未在复杂多变的城市环境中得到广泛验证。最后，虽然智能技术承诺为城市问题提供新的解决方案，可能突破现有城市治理瓶颈，但是，其可能带来在社会、经济、伦理等方面的负面影响也令人不安。

　　目前针对智能技术与城市空间的研究主要关注两个方面。其一是智能技术对时空行为的已有影响，主要集中在智能技术对城市和日常生活的已有影响（过去或现在），例如共享出行、远程办公、在线购物等[2-5]，为当下规划和管理的调整提供了重要的参考。上述研究主要关注已经大规模应用的技术，却忽略了新兴技术在未来可能与城市空间不匹配的问题，且无法提前干预，例如共享单车对城市实体空间的侵占和滥用 [6]。其二是利用智能技术增强对现有城市的理解。在计算能力大幅提高的支持下，海量具有时空属性的新型数据被越来越多地应用于城市治理研究中，提供了更加深刻揭示城市问题的可能性 [7-9]。但是数据和算力可能并不能帮助城市更好地应对新兴技术，反而可能会因为看似"事实"的量化确定性，而忽略新兴技术可能引入新的物理形态和功能，以此减弱城市空间设计、布局、运营对未来的适应性。鉴于技术已经无数次或好或坏地改变了人类的发展和生存形式，我们不得不重新审视当下技术变革对城市生活的影响，以及重新思考如何在所谓的第四次工业革命下建立绿色、高效、公平的城市。当下，我们需要的不是对既有理念和措施的重新包装，而是利用智能技术所激发的想象、行为、政策等，厘清城市问题的本质，揭示现有城市的结构性问题，并设计措施主动优化城市社会、经济、文化、政治等多重系统的干预手段。

本书关注的自动驾驶汽车是当下智能技术变革浪潮中的典型代表，其特点是智能、改变生产生活逻辑、可能造成巨大的影响。但是，本书主要目的并不仅仅是研究技术的影响，而是希望借助该技术重新审视城市规划与治理的理论与实践。然而，公共领域最初对自动驾驶汽车的讨论大多停留在"我们应该如何迎接自动驾驶的到来"。这种对技术缺乏批判性的讨论让笔者感到不安。自动驾驶汽车的发展和影响尚充满不确定性，这也正意味着我们有机会来定义和塑造该项新技术，而非被动地接受和使用这项技术。因此，更好的讨论应该是"我们应该如何主动规划和管理自动驾驶技术的发展和应用，以确保它能够服务于城市和居民的最大利益？"

Ⅱ 技术作为中介

要回答上面提出的问题，我们需要厘清人、地、技术之间的关系，或者技术对人地关系的影响。前面提到城市化过程本质上是经济、社会和技术融合共进的赛博格形式，因此技术不是与人类主体相对的物质主体，也不仅仅是人类的延伸，而是人类与世界之间关系的调节者。这也契合技术哲学家唐·艾德（Don Ihde）提出的"后现象学"方法中的中介理论（mediating theory）。唐·艾德在他的经典著作《技术与生活世界》中概述了人与技术及其周围世界的四种关系：人与技术的具身关系（embodiment relations）、诠释学关系（hermeneutic relations）、他者关系（alterity relations）和背景关系（background relations）。多年以来，其他学者在唐·艾德的框架之上，提出了不同类型的人与技术的关系，例如增强现实（augmented reality）、沉浸现实（immersive reality）等当下较为流行的概念。但唐·艾德的框架仍未过时且最为实用。具体的解释如下。

具身关系：人类使用技术作为自己身体/感知能力的延伸。例如在人地关系中，农业工具使得人类提高对土地的利用效率。这是一种特殊的中介关系，其中技术是人类的延伸部分，表达为：（人类—技术）→世界。

诠释学关系：当人类使用技术重新解释或重构他们对世界的看法时，他们可能会通过创造新的概念或类别来理解所看到的东西，或者可能会通过挪用旧的概念或类别来理解新的看法，这就是诠释学关系。一个典型的例子是卫星图像，它使人类能够以从未有过的视角看待自己生存的星球。在这种类型的中介关系中，技术为人类表征客观世界，我们将它们视为与外部世界的结合，而不是与人类的结合。这种关系可以概括为：人类→（技术—世界）。

他者关系：技术不再帮助人类表征或解读世界，而与人类直接互动，这就是他者关系。当下，我们与机器人之间的关系被认为是这种关系的典型例子。从另一种角度看，他者关系是中介关系的对立面。因为在这种情况下，技术并不以中介的形式存在于人类和世界之间，技术成为客观世界的一部分。尽管如此，这仍然可以被视为中介关系的逻辑延伸。此外，我们如何感知和理解他者关系中的技术可能会影响我们对周围世界的其他看法。他者关系可以用以下方式表示：人类→科技（世界）。

背景关系：当技术淡入背景并且不被视为与世界分离的东西时，就会出现这种关系。相反，它们只是我们体验现实的部分背景。电灯、自来水、供暖都可以作为这种关系的例子。当技术不再被视为调节我们与现实的互动，而是简单地成为外部现实的一部分时，就可能代表了中介逻辑的极端。这些关系可以概括为：人类（技术/世界）。

通过了解上述人与技术的关系，我们不难看出居民、自动驾驶汽车与城市之间的互动，也将呈现其中的一种或多种关系。自动驾驶汽车将改变人们对时间和空间的体验（具身关系），形成新的交通出行系统（他者关系），重塑城市空间与日常生活（背景关系）。

图 0-1 展示了自动驾驶汽车作为中介影响城市的基本路径之一：个人行为效应汇集，从而对城市和社会产生更广泛的影响。自动驾驶汽车的车内活动机会（生产性活动或娱乐休闲），可以产生效用或满足居民自身需求，

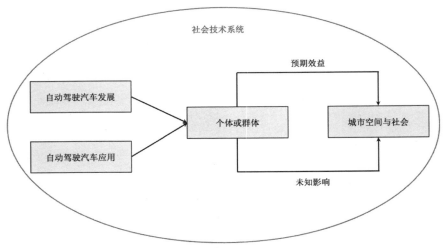

图 0-1　自动驾驶汽车对城市影响的路径

从而导致出行时间价值的变化。出行时间价值作为交通成本的要素之一，对空间与行为互动关系具有的中介和调节作用，可调节空间对居民活动需求的支撑和制约之间的相对强度。假如自动驾驶汽车被引入城市，同时的多任务处理能使交通成本降低以及货运业劳动力成本消除，如果城市的形态和规模分布没有发生重大变化，那才是令人惊讶的。但是，出行时间价值降低会同时降低出行距离成本和拥堵成本，从而难以明确自动驾驶会导致城市扩张还是增加城市密度。本书将这一影响路径也放在了社会技术系统之中，以暗示行为的改变和选择并不是完全由个人自主做出的，个人的欲望、偏好和需求可以由社会技术系统来构建。总的来说，个体行为改变的汇集会带来巨大的预期效应，例如交通系统的优化、城市形态的变化、城市规模分布的极化等是一系列可预测的影响，但更令人担忧的是难以预测的影响。

　　本书并不尝试精准预测自动驾驶汽车将如何影响城市，而是重点考察上述影响路径中的基础行为参数，即自动驾驶汽车对个体出行时间价值和车内活动参与的影响，并通过修正经典城市经济模型中的交通成本，利用反事实分析探究自动驾驶汽车对城市形态的影响机制。本书提出了两个主要假设：

　　①如果城市中心继续失去提供公共产品和城市设施的作用，那么当交通成本下降时，人们就会向更远的地方迁移。

　　②如果城市中心在提供公共产品和城市设施方面获得更多投资，那么当交通成本下降时，人们将向城市中心迁移。

III　本书结构

　　本书关于自动驾驶汽车对城市和日常生活的探讨主要侧重于四个方面。首先，本书重点关注中小都市区居民。技术进步可能会产生不平等或加剧现有的不平等，而自动驾驶汽车的引入所带来的社会和空间变化无疑将产生受益者和受损者。虽然城市规划师尽力预测和规划新兴移动技术，但是这些技术对交通系统和建成环境的重塑作用仍然不明朗[10]。对于较小的城市来说，这一挑战尤为严峻。尽管小城市将是未来美国人口增长的主要地区[11]，但它们在政治权力、技术知识和规划能力方面普遍落后于大城市。在城市研究和规划实践中，较小的城市基本上处于"不在地图上"的状态[12]；而在自动驾驶汽车研究领域也是如此。本书的目标是考察自动驾驶汽车对中小城市城市时间和空间的潜在影响，并探究这些影响在社会和空间的不均衡和差异化效应。

其次，本书探讨了自动驾驶汽车对通勤者出行时间价值的影响，并考虑了城市地区、郊区和农村地区的出行特征和空间背景。通过设计和开展选择实验，本书测量了汽车通勤者对自动驾驶汽车出行时间评估的潜在变化，并采用混合逻辑回归模型来量化乘坐自动驾驶汽车时出行时间价值的变化。本书研究发现通勤者对出行时间价值评估的空间差异——郊区通勤者的出行时间价值减少幅度最大，其次是城市通勤者和农村通勤者。这一差异意味着自动驾驶汽车在城市内部、郊区和农村，将产生不同市场份额，从而使得这些区域对人口和产业的吸引力发生变化。

再次，上述出行时间价值变化的主要原因是居民可以在自动驾驶汽车内部进行各项活动或者休息，那么自动驾驶汽车能否达到缩小男女活动参与差距的目的？第3章中将考察自动驾驶车辆中个人潜在的车内活动对其参与日常活动可能产生的影响，以及男性和女性之间的差别。日常活动通常是由个人偏好和需求，时空约束，以及社会经济资源所决定。在自动驾驶汽车中，人们无须驾驶并能参与车内活动，从而减少了个人的时空约束，但是不一定能够平等地满足不同人群的时空间需求。借鉴时空视角和分配正义理论，本章引入了杰拉德·科恩（Gerald Cohen）提出的"中益"（midfare）概念并进行操作化，以衡量个人将车内活动机会转化为福利和效用的程度[13]。接下来，本章评估了不同社会群体的车内活动的公平效应。结果证实，车内活动可以为参与日常活动提供更多机会，但利益分配还是不公平，因为男性和女性在参与活动方面的差距似乎仍然存在。

关于自动驾驶汽车，最受争议的问题是如果自动驾驶汽车被引入城市，是会使城市更加无序地扩张，还是能促进城市的紧凑发展呢？在第 4 章中，笔者首先对过去三十年美国大都市区的空间变化进行了空间动态分析，考察了交通与城市扩张之间相互影响的关系。接下来，笔者并不试图精准地预测未来的城市扩张，而是使用反事实技术来评估自动驾驶汽车在过去引入城市时对城市扩张的影响。研究发现，过去三十年中就业的分散和交通拥堵的加剧极大地促进了城市扩张。此外，研究还表明，自动驾驶汽车如果引入城市，将导致距离交通成本和拥堵交通成本都降低，城市扩张而非紧凑发展将成为主导效应。如果自动驾驶汽车能够被广泛采用，那么它们对未来城市扩张的影响可能会比反事实的过去产生类似甚至更大的影响。这一发现强调了需要积极主动地规划和政策干预自动驾驶技术对城市的影响，以确保它们不会导致不可持续的城市扩张，而是有助于更智能、高效和可持续的城市规划和发展。这也提示了城市规划者和政策制定者需要积极应对这一技术的到来，以引导其发展方向，从而更好地满足城市居民的需求和未来城市的可持续性目标。

最后，本书提供两个自动驾驶汽车应用情景的案例：一个是美国得克萨斯州的小城镇诺兰维尔（Nolanville），另一个是中国的超大城市北京。这些案例事实上都不是大规模的自动驾驶汽车商业应用，而是示范区或示范点，也被学者认为是城市实验。通过这些案例，我们可以看到除了应用技术本身之外的意义。第一，这些实验让我们不得不重新审视城市的现在与未来——评估现有的城市基础设施、经济和社会是否适应新技术标准，同时评估未来的基础设施、规划和政策干预应该如何预先制定和实现以适应新兴技术。第二，这些实验的潜在影响充满了不确定性。从社会技术演进理论看来，这也正意味着我们拥有定义和塑造技术的先机，而非被动地接受技术。第三，城市规划需要面对城市实验的不可计算性。现有的规划往往制定了清晰且可计算的具体目标，以便进行理性的评估和提供可行的方案，尽管有时计算结果与事实相违背[14]。这样的规划是"科学"的，但可能会导致优先渐进发展而非变革、优先技术推理而非主观感受、优先可能性而非不确定性[15-17]。

第1章　移动性技术的变革

1.1　更好、更快、更便宜

当下，自动驾驶技术被视为成功建设智慧城市的重要部分，代表着技术和生活方式的又一次变革。自动驾驶汽车（autonomous vehicles，AVs），又称无人驾驶汽车，是机器人、人工智能、5G、物联网以及共享经济融合发展的产物，是当下技术变革中最引人注目的颠覆性技术之一。自动驾驶汽车不需要人为操作便能感测其环境及导航，它使用传感器感知周围环境，控制系统解释感官信息，从而创建周围环境的三维模型，识别出合适的导航路径、交通管制（停车标志等）和障碍物的策略。根据工业和信息化部（以下简称"工信部"）2021年发布的《汽车驾驶自动化分级》，自动驾驶汽车可划分为L0 ~ L5共6个等级，在L0 ~ L2阶段，自动驾驶汽车可为驾驶员起到辅助作用；在L3 ~ L5阶段，自动驾驶汽车可实现完全无人驾驶（表1.1）。

驾驶自动化分级划分依据　　　　　　　　　　表 1.1

分级	名称	持续的车辆横向和纵向运动控制	目标和事件探测与响应	动态驾驶任务后援	设计运行范围
L0	应急辅助	驾驶员	驾驶员和系统	驾驶员	有限制
L1	部分驾驶辅助	驾驶员和系统	驾驶员和系统	驾驶员	有限制
L2	组合驾驶辅助	系统	驾驶员和系统	驾驶员	有限制
L3	有条件自动驾驶	系统	系统	使用用户	有限制

分级	名称	持续的车辆横向和纵向运动控制	目标和事件探测与响应	动态驾驶任务后援	设计运行范围
L4	高度自动驾驶	系统	系统	系统	有限制
L5	完全自动驾驶	系统	系统	系统	无限制

从 20 世纪 50 年代对自动驾驶系统（advanced driving system，ADS）的初次实验，到 20 世纪 80 年代自动驾驶汽车的首次成功演示，再到如今自动驾驶技术商用化，自动驾驶汽车领域已取得了巨大进展。根据北京智研科信咨询有限公司发布的《2023—2029 年中国无人自动驾驶汽车行业市场运行态势及发展前景展望》，2021 年我国乘用车市场 L2 级别渗透率为 18%，预计到 2025 年我国 L2 级乘用车渗透率有望达到 50%，L3 级乘用车渗透率有望达到 4%。然而具有争议性的是，自动驾驶汽车可能会给未来城市的形态和生活带来深远却又难以预料的影响。

一方面，2020 年 2 月 10 日，国家发展和改革委员会（以下简称"发改委"）、工信部等 11 个部门联合出台了《智能汽车创新发展战略》，将自动驾驶产业上升到国家战略，指明了自动驾驶在实现《交通强国建设纲要》描绘的蓝图和达到国家治理现代化新要求中扮演的关键性角色（表 1.2）。随着经济和城市的发展，我国居民日常活动日益多样、出行需求日益多元，搭载新能源的自动驾驶汽车，不仅可助力我国交通系统向智能、联网、绿色、高效转变，还是满足出行需求和降低出行碳排放的重要科技手段。2020 年 1 月 8 日，美国交通部发布了《确保美国在自动驾驶汽车技术中的领导地位：自动驾驶 4.0》，旨在争夺自动驾驶技术应用的领头羊地位。现有研究已基本达成共识，即自动驾驶汽车的广泛使用可减少交通事故、降低车辆碳排放、提升燃油效率、降低交通时间成本以及提高城市土地利用效率。

2021—2022 年中国政府出台的自动驾驶相关政策　表 1.2

时间	政策文件	发布部门	相关政策要点
2021.2	《国家综合立体交通网规划纲要》	中共中央、国务院	推动智能网联汽车和智慧城市协同发展
2021.7	《智能网联汽车道路测试与示范应用管理规范（试行）》	工信部 公安部 交通运输部	明确智能网联汽车的测试和使用规范
2021.12	《数字交通"十四五"发展规划》	交通运输部	到 2025 年，应实现"交通设施数字感知"
2022.1	《交通强国建设评价指标体系》	交通运输部	综合交通智慧化指标强调了自动驾驶和车辆协同水平
2023.11	《自动驾驶汽车运输安全服务指南（试行）》	交通运输部	在保障安全的条件下，鼓励自动驾驶汽车从事城市公共汽车客运经营活动
2022.11	《关于开展智能网联汽车准入和上路通行试点工作的通知》	工信部 公安部 住建部 交通运输部	开展自动驾驶汽车产品的准入试点，在试点城市的限定公共道路区域运行

注：政策文件收集自各个中央政府官网。为方便表述，发布部门使用简称。

　　另一方面，自动驾驶技术可能给城市带来潜在负面影响，各级政府和城市管理者都面临应该如何为这项新技术做准备的难题。在自动驾驶汽车广泛应用的情景下，我们的城市以及日常生活方式会大不相同。然而，这样的城市是更宜居还是更糟糕将取决于我们如何使用和管理这项新的交通技术。例如，近一百年，以汽车为导向的城市发展对公共健康、人居环境和社会融合造成了极大的负面影响。在这样的趋势下，各个国家和地区都面临着既要满足日益增长的城市出行需求，又要保证经济和环境的可持续发展这一矛盾。然而，自动驾驶汽车无须驾驶和车内活动特征导致出行时间价值（也视为出行时间成本）的降低，将使远距离出行更加轻松，有可能进一步加剧城市扩张、社会排斥、公共健康等城市问题[18]。

我国自动驾驶政策的发展经过了两个阶段，从专注技术研究、攻克技术难题，到推动自动驾驶实现产业落地，形成规模化发展，而背后无法忽视的推动力量是巨大的市场需求。从经济效益来看，传统商业应用情景中，人力成本占比居高不下。随着人口老龄化的发展，人力成本也呈现出上升趋势，而自动驾驶技术的出现能够大大减少人力成本。从效率提升来看，自动驾驶能够使公共交通服务面更宽广，人工驾驶的精力有限，而自动驾驶可以使交通服务时间增加，提高资源配置效率；从安全角度考虑，自动驾驶也能减少因人工驾驶疲劳导致的交通事故。

2015年国务院印发了《中国制造2025》，该文件中提到："到2020年掌握智能辅助驾驶总体技术及各项关键技术，到2025年建立较完善的智能网联汽车研发体系、生产配套体系和产业群。"2020年10月，国务院办公厅印发《新能源汽车产业发展规划（2021—2035年）》，文件提出："到2025年实现高度自动驾驶汽车限定区域和特定情景商业化应用，以及到2035年实现高度自动驾驶汽车规模化应用。"从2015年发展至今，我国自动驾驶产业也经历了一系列演进。

（1）分级化标准的完善

工信部在《2020年智能网联汽车标准化工作要点》文件中提出："要采用标准体系与产业需求相互对接协同、与技术发展相互支撑的方式，建立国标、行标、团标协同的新型标准体系。"标准的落实是推动产业落地的前提条件。现如今，国际上主要采用的自动驾驶分级标准为SAE分级标准（图1.1）。而我国的自动驾驶分级标准主要是根据自动驾驶系统能够执行动态驾驶任务的程度，也就是说自动驾驶是以在动态驾驶任务执行中的角色以及有无运行条件限制进行等级划分。相应地，驾驶自动化等级分别为0级（应急辅助）、1级（部分驾驶辅助）、2级（组合驾驶

图 1.1　自动驾驶汽车分级
图片来源：国际自动机工程师学会（SAE International）

辅助）、3 级（有条件自动驾驶）、4 级（高度自动驾驶）、5 级（完全自动驾驶）。

（2）测试方法的逐渐丰富

自动驾驶汽车落地前需要进行大量的模拟测试，以确保安全性。2018 年，工信部联合印发了《智能网联汽车道路测试管理规范（试行）》。在此基础上，20 多个省（区、市）积极响应，结合城市条件，实施智能网联汽车道路。如今国内已有包括北京、上海、重庆、广州、长沙等在内的多个城市允许进行智能网联汽车道路测试。通过在仿真模型、封闭道路、开放道路等不同环境下的测试，以期实现自动驾驶的多情景应用（表 1.3）。

自动驾驶汽车试点城市   表 1.3

试点批次	试点开始时间	自动驾驶试点城市名单
第一批	2021.5.6	北京、上海、广州、武汉、长沙、无锡
第二批	2021.12.3	重庆、深圳、厦门、南京、济南、成都、合肥、沧州、芜湖、淄博

（3）多主体的跨界融合

要想实现自动驾驶产业的落地和成熟，仅靠传统车企的力量很难达到，因此，传统车企大多选择与多方企业进行合作。主要合作对象分为四大类：一是互联网类企业，例如百度、阿里巴巴、华为、腾讯；二是传统零部件企业，如英飞凌、安波福等；三是智能驾驶新兴供应商，如小马智能、地平线、中海庭等；四是通信企业，如中国移动、中国电信、中国联通等。多主体的融合使自动驾驶产业的发展远比我们想象得更快。同时，在地方政府发布的地方"十四五"交通发展规划中，全国多个省市也在积极建设智慧交通项目，快速推进自动驾驶、车路协同、智能网联等领域的建设，加强自动驾驶准入试点工作，带动智慧城市和自动驾驶汽车协同发展（表 1.4）。

2022 年中国部分地方政府出台的自动驾驶相关发展规划   表 1.4

地方政府	政策文件	相关政策要点
北京市	《北京市"十四五"时期交通发展建设规划》	推进车联网、自动驾驶等技术落地实施；稳妥有序扩大自动驾驶试点范围
上海市	《上海市加快智能网联汽车创新发展实施方案》	到 2025 年，组合自动驾驶（L2）和有条件自动驾驶（L3）汽车生产比例超过 70%，高度自动驾驶（L4 及以上）汽车在限定区域和特定情景内商业化应用

地方政府	政策文件	相关政策要点
广东省	《广东省数字经济发展指引 1.0》	有序开放更多街区、道路、机场等作为智能网联车辆示范应用场景，开放自动驾驶出租车、公交、物流配送等示范应用
贵州省	《贵州省"十四五"综合交通运输体系发展规划》	推进远程遥控驾驶、无人物流配送，研究山区高速路智能网联汽车开放测试和比赛的技术体系、支撑体系和运营体系

注：政策文件收集自各个地方政府官网。

　　我们可以看到，在智能技术的发展以及各级、各地政府的政策推动下，自动驾驶技术已然给未来城市的规划和管理提出了极大的挑战。因为，自动驾驶技术的影响不仅仅局限于出行行为和汽车行业本身，而是将对人们的生产和生活方式带来直接或间接的影响。

1.2　移动技术与城市的形态

　　与许多其他规划问题一样，自动驾驶汽车对城市的影响，是一个复杂而多维的问题。交通成本是关键因素之一，还有其他因素，如社区特征、住房特征和学校质量等。交通成本在城市形态变化过程中的作用有何假设？是否有实证证据支持这些假设？鉴于之前的城市和区域经济学已经建立了多个城市形态的模型，本章将简要回顾这些理论，以促进以上问题的探讨。

（1）城市生态模型（urban ecology models）

　　本质上，城市是复杂的物理实体，其形态受到地理和气候环境的自然塑造，并为城市中的人类社区提供支持。同时，人类的双手和思想也在城

市的塑造过程中发挥着重要作用。早在 20 世纪初，派克（Park）和芝加
哥社会学派的学者们将城市视为研究城市增长和发展的实验室 [19]。借助生
态学方法，芝加哥学派的社会学家开发了城市生态学模型，研究了人与环
境之间的相互关系。他们认为，竞争和人口流动是城市形态塑造和重塑的
关键因素。伯吉斯（Burgess）将经济竞争和社会声望驱动人们选择居住地
的过程描述为五个同心圆区域，即四个主要区域和第五个通勤者区域，这
为城市形态研究提供了重要的框架 [20]。后来，扇形理论和多核理论进一步
增加了生态学模型的复杂性，并认为历史、文化和经济状况的混合塑造了
每个城市 [21, 22]。

　　然而，一些批评者对城市生态学模型的描述提出了质疑，指出一些城
市存在着不同的土地利用模式。例如，北京的高收入人群因为交通拥堵和
中心城区的高质量学区而并不会搬到郊区居住 [23]。此外，大多数城市生态
学模型都是描述性的，尽管它们有助于描述高速公路沿线的城市扩张 [21]，
但是，城市生态学"过于生物学"，很少关注复杂的社会和政治因素。此
外，城市范围之外的其他力量——如全球化以及交通和通信领域的技术进
步——也会影响城市的城市形态。因此，城市形态的研究需要综合考虑社
会、经济、文化和技术等多方面因素，以便更全面地理解城市的复杂性和
多样性。

（2）经典的城市和区域经济模型（classic urban and regional economic models）

　　区位模型的起源可以追溯到冯·杜能（von Thünen），他以当时的德国
为例，解释了运输成本对农业用地和土地市场功能的影响 [24]。随着时间的
推移，人们提出了各种城市和区域经济理论，以解释生产和消费的空间分布。
这些理论包括：

　　①单中心城市模型（the monocentric city model）[25-27]。这个模型在分

析上非常精妙，与人们步行和使用公共交通的单一城市中心相一致，解释了城市中不同经济活动的分布。

②工业区位理论（industrial location theory）[28-31]。这个理论侧重于运输成本，主要适用于制造业活动。它探讨了工业选择在最小化原材料和最终产品的运输成本方面的策略，以及劳动力成本和聚集的影响。

③中心地理论（central place theory）[32、33]。这个理论解释了城市的层级结构，有助于理解城市如何按规模分布，包括地方城市、区域城市、国家城市和世界城市。

然而，随着交通成本的下降和互联网的发展，这些传统模型越来越不能完全反映当今城市的实际情况[34]。互联网的出现改变了信息传播和办公方式，使得人们可以更加分散地工作和居住。此外，现代城市的经济活动多样化，不再仅限于制造业。因此，传统模型需要进行更新和修订，以便更好地适应当代城市的特点。

（3）多中心和分散城市模型（polycentric and dispersed city models）

多中心城市模型建立在单中心城市模型的基础上，允许一个大都市区内存在多个就业中心[35]。从本质上讲，其总体思路是人们在房价和通勤成本之间做出权衡，而这两种模型的两个基本机制是相同的。虽然许多研究人员都致力于多中心论的研究，然而过去二十年来，关于城市空间结构如何影响通勤的争论尚未达成共识。一些学者认为，密集的城市和在密集的城市中心工作会导致通勤时间延长[36、37]。另外，学者认为就业分散与通勤距离或时间之间没有关联，并发现人们在选择居住地点时存在明显的细分，这取决于他们的职业等级和副中心类型[38]。

此外，均衡模型如果考虑企业和家庭同时选址的情形，则会形成单中心、多中心和完全混合城市（分散或无中心城市）[39、40]。但南加州大学城市规划教授戈登（Gordon）和理查森（Richardson）认为，洛杉矶的发展更多遵循的是分散模式，而不是多中心模式 [41]。由于 80% 的工作岗位位于洛杉矶中心以外的地区，通勤出行的出发地和目的地不再总是只有家庭和城市中心，因此戈登和理查森认为洛杉矶很难被称为多中心城市。城市经济学家格莱泽（Glaeser）和科尔哈斯（Kohlhase）也认为，没有中心的区域模型可以更好地反映城市的未来发展 [34]。

（4）城市便利设施和消费城市模型（urban amenities and consumer city models）

经典的城市区域经济模型预测，如果通勤成本降低，人们就会更远离市中心。通勤成本在决定居住地选择方面起着关键作用。较高收入人群以更长的通勤距离在地租较低的地区获得更大的住房面积 [25, 42]。随着收入的增加、住房需求的增加以及交通基础设施的发展，这种模型鼓励了城市的郊区化发展。其基本机制可以总结为以下两点：随着收入的增加，住房需求也增加；同时房价会随着与就业中心距离的增加而降低。

尽管经典模型为理解过去城市的分散化趋势提供了一定的解释力度，但基于时间成本和便利设施的模型以及双职工家庭的出现，似乎已经使经典模型逐渐失去了重要性。在基于时间成本的城市经济模型中，通勤成本包括通勤距离的货币成本和作为收入函数的时间成本 [43]。然而，住房需求和通勤成本的收入弹性非常相似 [44]。因此，按通勤计算的收入空间分布在统计上是不可靠的，可能会被其他因素（如住宅设施）的效应所稀释。最近的城市经济研究表明，消费便利设施在推动人们选择城市居住地方面发挥了重要作用 [45-47]。以格莱泽为代表的城市经济学家提出了四种关键的城市便利设施：种类丰富的服务和消费品、空间美感和自然环境、良好的公共服务以及城市交通速度 [45]。例如，人口众多和人口密度大会带来更多种类的美食 [48]。实证研究还显示，便利设施密度对人们的住房选择产生了积极影响，特别是本地或不可交易的商品（如餐馆），并且人们更愿意居住在距离高质量城市中心更近的地方[49]。

1.3　通信与交通技术如何影响城市

为了深入探讨自动驾驶汽车与未来城市之间的关系，我们还需要将这个问题放置在全球城市化和技术迅猛发展的背景下，同时必须理解与就业相关的任务分类和经济结构的调整。自动驾驶汽车和远程通信技术降低了人员、货物和信息的运输成本，且分别降低了物理距离和虚拟距离的成本，但它们之间的区别在于是否涉及直接接触。城市的形态和发展取决于工作地点和居住地点之间的关系。综合考虑交通的货币成本和时间成本的降低已经对居住地和企业选址产生了影响，且这种影响将持续扩大。

私人汽车经常受到来自规划师和环保主义者的批评，因为它们被认为在移动效率上不高，并需要大量基础设施支持。然而，汽车仍然是人类最主要的交通方式之一。与此同时，远程办公作为一种既经济又环保的高效工作方式被广泛推崇。然而，由于互联网在不同地区的连接质量不一致，尤其是在城市中心和偏远农村地区之间存在宽带不足和下载速度慢的问题，这种方式并没有得到广泛采用。考虑到这一情况，我们可以探讨增加和改善宽带基础设施以支持电信的可能性，而不是仅仅依赖于自动驾驶汽车来改善通勤。以下将讨论自动驾驶汽车方案和宽带方案在不同方面的预期差异。

（1）住房选择

自动驾驶汽车：可能会减少对市中心住房的需求，人们可以更容易地在郊区或远离市区的地方居住，因为他们可以利用自动驾驶汽车通勤。

宽带方案：改善宽带基础设施可能会增加偏远地区的吸引力，因为人们可以在这些地方居住，同时享受高速互联网连接，这对于远程办公非常重要。

（2）基本（即出口导向）产业发展

自动驾驶汽车：可能会影响制造业和服务业，因为供应链和物流可以更高效地管理。

宽带方案：改善宽带连接可能会促进数字化制造业和在线出口服务领域的增长，从而推动基本产业发展。

（3）非基本（即本地导向）产业发展

自动驾驶汽车：可能会降低城市中心的零售业需求，因为人们不再需要频繁前往购物中心。

宽带方案：改善宽带连接可以促进本地服务业的在线存在，如在线零售和理发服务，这对非基本产业的发展非常关键。

综上所述，自动驾驶汽车和宽带基础设施都具有影响未来城市发展的潜力，但它们在住房选择、基本产业和非基本产业发展方面可能产生不同的影响。因此，在网络连接日益发达的当下，我们需要综合考虑交通技术与通信技术的发展，及其与社会技术背景的相互影响。

第一个社会技术背景是与工作有关的任务分类。不同工作任务的复杂性和完成要求在很大程度上决定了是否需要面对面接触才能成功完成。托恩格伦（Thorngren）提出了一种任务分类方法，以区分不同类型的工作任务，包括导向性任务、规划任务和程序化任务[50]。唯一需要直接与个体亲自交往的任务类型是导向性任务，其中包括涉及决策制定和问题解决的活动。这些活动通常具有复杂性和不确定性，因此面对面的互动非常重要。而另外两种任务类型，即规划任务和程序化任务，相对较为简单和可重复，因此可以通过电话或电子邮件等间接方式进行沟通和完成。工作任务的复杂性和目标要求需以不同程度的接触才能成功完成。

　　第二个背景则是当下的经济结构调整。在 20 世纪中期，在较为发达的国家，城市通常是工业中心。然而，当今形势却是，服务业主导着就业市场，特别是信息技术和科技行业正在蓬勃发展。20 世纪 80 年代和 90 年代，随着运输成本（包括货币和时间成本）的降低以及灵活的运输手段（如卡车和航空）的改善，全球经济结构发生了重大变革，进而迈向全球化。如今，城市不仅服务于生产，还服务于消费。低技能劳动力投入在生产过程中逐渐被迁移到发展中国家，而位于北美城市的总部管理部门通过远程通信手段实现对这些过程的控制。服务业中，生产者服务（包括高级营销、广告、法律和会计等）领域增长最为迅速。随着企业规模和复杂性的增加，它们更倾向于集中提供生产者服务和内部协调。这一趋势反映了全球经济结构的变化，城市不再仅仅是生产的地点，而是多功能的中心，为多样化的经济活动提供支持和服务。

　　在上面两个背景下，下文将分析比较远程通信和自动驾驶汽车是如何对住房选择、基础产业和非基础产业产生不同影响的。在过去的几千年里，社会结构的变化和技术的进步塑造并重塑了人类的居住环境，如农业革命、第一次城市革命和工业化革命。技术的本质是一种具有离心效应和向心效应的力量。离心力和向心力推动了人口和就业的重新分布。尽管技术在历史上长期吸引着人们向城市迁移，但在过去的两个世纪中，城市的分散趋势也将持续存在。新技术，包括远程通信和自动驾驶汽车，与城市形态、家庭和企业的空间分布之间的关系复杂而难以确定。难以确定这种关系的原因不仅在于城市的复杂性和建成环境的持久性，还在于使用工业或农业时代的概念和理论来看待当前城市现实时所造成的"盲区"。因此，基于交通和区域科学领域的大量研究成果，我们将讨论远程通信和自动驾驶汽车对城市形态产生的一些潜在差异。

（1）住房地点的选择

自中世纪以来的 1200 年间，城市居民逐渐变得更加富裕和休闲。随着收入的增加，人们开始更注重生活的舒适性，与此同时，他们的时间价值也逐渐上升。随着交通成本的降低，邻近性的概念发生了改变。住宅选址的决策往往受制于人们在一定时间内的移动距离。然而，随着交通成本的下降，人们的实际收入增加，这导致了生活便利设施、商品和活动的多样性变得越来越重要，而且它们在时间和成本方面的可达性日益重要。布鲁克纳（Brueckner）等城市经济学家提出了城市便利设施导向的城市经济学模型（amenity-based theory），并建立了均衡模型来回答"为什么巴黎市中心富有而底特律市中心贫穷"这一问题[46]。后来，理论模拟揭示了通勤距离与对便利设施的偏好之间的联系，而这通常没有被包括在传统城市经济模型中[49]。在理论发展的同时，许多实证研究也出现了，这些研究发现，城市的形态重塑是对城市便利设施需求的反映[51]。近期的城市经济学研究表明，在人们做出住宅选址决策时，消费便利设施（无论是本地商品还是不可交易商品）发挥着重要作用[45]，反映了城市生活中便利性的关键作用。

远程通信使距离变得无关紧要，而自动驾驶汽车则降低了车内时间的价格。由于居住地和工作地点的分离，个人需要克服时间成本和距离成本。要回答远程通信和自动驾驶汽车如何影响住房地点选择的问题，我们需要参考工作相关任务的分类。有导向任务的个人，主要是理查德·佛罗里达（Richard Florida）所描述的创意阶层的工作者，他们预计受远程通信的影响不大[52]。虽然自动驾驶汽车可以降低出行成本，但创意阶层的从业者可能会选择离工作地点较远的房子，且更有可能选择离便利设施较近的地方。佛罗里达认为文化设施和生活方式会影响知识工作者的居住地选择[53]。知识工作者的居住需求可以归纳为教育、文化和休闲活动，这些需求是由可观的可支配收入驱动的，而可支配收入有望因自动驾驶汽车中的多

任务处理而增加 [54]。关于主要从事规划和程序任务的个人的住房选择，
采用的假设是，自动驾驶汽车和高速互联网是可负担的。远程通信足以同
时执行规划和程序任务，但大多数主要执行规划和程序任务的工作都需要
线下上班，至少在大部分工作时间内需要线下上班。换句话说，从业者可
以利用远程通信执行任务，以节省公司间或公司内部的通勤，但他们仍然
需要通勤。

　　因此，远程通信对工作者居住地点的影响微乎其微。虽然，研究发现
远程办公家庭的单程通勤总时间更长，但很难得出远程办公会促进个人搬
得更远的结论 [55]。研究结果普遍支持远程办公对居住地点选择影响甚微的
观点 [56]。与创意阶层类似，更多的可支配收入和居住偏好决定了从事规划
和程序任务的从业者的居住地点。目前关于场所营造和绅士化的一个争论
点是，如果远程通信和自动驾驶汽车的结合能进一步降低交通成本，那么
人口分布将会如何 [57]。高收入者将重新占领设施水平较高的中心地带，而
中低收入者将被转移到设施水平较低的偏远地区。从这个意义上说，自动
驾驶汽车可以产生离心和向心效应，根据社会经济阶层重新分配人口，而
电信在这一过程中也起到辅助作用。

（2）产业位置：基础产业与非基础产业

　　为了更好地分析企业的区位选择，基础产业可分为商品出口活动和服
务出口活动。从同样的角度看，非基础产业主要包括为消费者服务的活动，
其中零售业是最大的一类 [58]。随着社会因素和技术不断克服经济活动的距
离限制，基础工业和非基础工业因其生产和市场差异而呈现出不同的发展
轨迹。工业化时期，工业首先落户于交通枢纽所在的城市；反过来，城市
也提供了从农业活动中解放出来的劳动力。在早期城市，消费者服务活动、
商品出口活动和服务出口活动都集中在城市。能源和建筑技术的发展使大
都市得以集中并向上发展。随后，在 20 世纪 50 年代和 60 年代，商品出口

活动开始从中心城市向外迁移，以寻求更大的生产空间和更低的地租。交通（州际公路和汽车）和通信（电信和计算机）方面的技术变革促进了商品出口活动的分散。后来，随着运输成本的不断下降和互联网带宽的增加，包括钢铁、汽车、服装和电子产品在内的商品出口活动甚至外包给了发展中国家，以最大限度地降低劳动力成本。商品出口活动消失了，城市税基的很大一部分也消失了。中心城市的恶化迫使人们到郊区寻找体面的住所。之后，消费服务活动也随着人口流入郊区。然而，服务出口活动的情况与制造业和零售业不同。服务出口活动采用电信技术，使企业能够接触到更广阔的市场。虽然目前的说法是大多数活动将变得"自由"，但服务出口活动仍然需要集聚，以获得促进创造力和创新的接近性和密集[59]。服务出口活动（如生产者服务）倾向于选择中心城市，最近又倾向于选择郊区中心，因为地理上的接近性和非正式交流的可能性是利用知识溢出的重要因素[60]。由于这些因素，服务出口活动（生产者服务和大公司总部）不仅聚集在城市，而且在最大的城市中占多数。具有讽刺意味的是，在分散的全球经济网络中，产生了一种具有更高水平协调和控制功能的新形式的中央集权，并为经济服务。

前面的讨论表明，非基础产业（客户服务活动）跟随人口流动，而基础产业则分散其运输密集型活动（如生产），集中其知识密集型活动（如研发、生产者服务和高层管理）。远程通信和自动驾驶车辆技术会如何对这些产业的选址产生不同影响？笔者将根据上述讨论得出的实证和原则来分析两者的区别。远程通信曾被认为是技术"进化"或"革命"[61]。有些人认为远程通信是继有线电话之后的进步发展，而另一些人则认为远程通信是社会经济范式的核心。显然，互联网宽带的改善对电信密集型企业的影响最大。因此，改善互联网宽带将吸引大多位于大都市的电信密集型企业向二三线城市转移[62, 63]。尽管大都市（如纽约、巴黎、东京、新加坡和香港）仍将处于全球城市等级体系的顶端，但基础工业，尤其是服务出口活动的地点将重新分配到低等级城市，从而导致区域分散化 [64]。在商品出口活动（制造业）方面，生产流程早已转移到其他国家，只有管理和控制部分仍留在美国城市。宽带改善的离心效应也会被创意阶层 /IT 精英 / 知识工作者的区位偏好和利用知识溢出效应的尝试部分抵消 [52, 60]，因为企业也在争夺人才，从而导致本地集中化。同样，人们认为自动驾驶汽车要么是汽车的延伸，要么是改变出行时间意义的革命。参照前面的讨论，非基础产业跟随人口流动，因此对其区位选择的影响与对住房选择的影响相同。服务出口产业倾向于在创意阶层喜欢的地方选址，因此对其选址的影响也与对住房选择的影响相同。商品出口活动出行时间价值的减少是由于司机劳动力成本的消除，也就是说，已经大幅下降的商品运输成本将进一步降低，但由于运输成本已经很低，因而对商品出口活动地点的影响微乎其微。

　　总之，无论在哪种情况下，分散化趋势将继续或加速。此外，尽管存在区域分散化和国际就业分散化，但潜在的人口和服务集聚取决于实际收入增加的人口的居住偏好、拥堵成本以及平等使用自动驾驶汽车和电信的机会。最后，电信和交通技术之间的协同作用可能会推动分散化和非集中化趋势 [65]。

第 2 章　自动驾驶汽车与出行

2.1　自动驾驶汽车与居民出行时间价值

自动驾驶汽车的出现极大地激发了人们对未来交通系统和城市的期望和想象。无须驾驶员的特性以及定制车辆空间的机会可能会带来通勤时间的舒适度和生产力的大幅提升。因此，此类改进可能会影响人们（尤其是那些经常投入大量时间出行的通勤者）对出行时间成本的看法，从而可能对城市和社会产生更广泛的影响。人们普遍认为自动驾驶技术将使出行时间变得不那么繁重或更加高效，从而减少出行时间价值（value of travel time，VOTT）[66]。反过来，这可能会加剧汽车依赖和城市扩张，因为使用汽车变得更加便宜和便利。自动驾驶汽车的影响带来另一个可能的变化是城市交通系统效率的提高，其中一部分原因是出行时间成本的降低和联网车辆技术的应用，使拥堵的城市生活变得更加可以接受 [67-69]。尽管存在多种可能，但这些预期都表明了出行时间价值的本质，它不仅影响短期内的出行行为，而且从长远来看还通过影响家庭和企业的位置选择改变城市空间结构。

交通规划师和城市管理者都希望了解自动驾驶汽车在影响城市发展方面可能发挥的作用。然而，由于自动驾驶汽车的规模、影响和引入时间存在相当大的不确定性，当前的区域土地利用和交通规划很难预测自动驾驶汽车的未来并纳入长期决策 [10]。此外，中小城市在处理自动驾驶汽车的潜在影响时尤其具有挑战性，因为这些城市的政治权力、技术知识和规划能力普遍低于大城市。

　　本章通过开展针对中小城市通勤者的选择实验来填补这一空白。除了关注中小城市独特的通勤体验外，本章还考虑了通勤者的空间背景所产生的不同通勤体验，以及不同空间环境的人群差异性。通过选择实验，笔者采访了 2111 名居住在美国中小城市的汽车通勤者，让他们回答关于与自动驾驶汽车相关的出行时间偏好和评估的问题。然后笔者使用混合逻辑模型分析自动驾驶汽车对出行时间价值的影响，该模型考虑了个体特征和空间环境的影响。该研究的结果揭示了这种出行时间价值减少效应在空间上是有差异的，从而为最近关于自动驾驶对出行时间价值影响的争论做出了贡献。此外，分析还考虑到受访者在通勤出行中可以是司机或是乘客的不同身份。尽管与常规汽车（regular vehicles，RVs）相比，乘客受访者似乎更喜欢乘坐自动驾驶汽车和共享自动驾驶汽车（shared autonomous vehicles，SAVs），但自动驾驶对他们的出行时间价值影响不大。接下来，笔者将在第 2.2 节回顾有关出行时间价值和空间背景的研究，在第 2.3 节介绍实验设计，在第 2.4 节描述分析策略，在第 2.5 节讨论模型和结果，并在第 2.6 节总结研究局限性和未来研究方向。

2.2　出行技术与出行时间价值

　　时间价值或出行时间节省价值概念是交通出行中最常用的概念之一。从经济学的角度来看，时间作为不可再生的稀缺资源，本身具有价值。从时间分配的概念理解，在时间预算有限的情况下，人们可将节约的时间用于其他生产活动以创造更多的价值或增加收入，也可将其用于休闲娱乐等活动以满足自身需要或带来额外效用。许多时间价值理论都阐述了贝克尔在 1965 年提出的时间分配框架，但基本思想仍然一致，即个人的劳动力供给受可用总时间的约束，可用时间分为工作、休闲和出行[70]。因此，时间价值即指由于时间的推移而产生效益增值量和由于时间的非生产性消耗造成的效益损失量的货币表现。在交通出行领域，时间价值是个人为节省出行时间而愿意支付的费用。出行时间测量价值背后的隐藏组成部分是生产活动、休闲活动和一般活动的价值[71]。由于自动驾驶出行时间可用于生产活动或休闲娱乐等其他活动，我们可以合理地假设出行时间价值可能会降低，即出行时间成本减少。时间价值的变化具有行为意义，是出行和居住选址行为变化的关键驱动因素。此外，许多因素都会影响出行时间的价值。一般来说，这些因素可概括为：服务水平（例如出行时间和出行成本）、出行者的社会经济特征与出行特征（例如出行目的、距离和日程安排），以及社会和空间背景。

事实上，在周围的技术、社会和空间景观的背景下，人们的出行行为成为一种生活方式[72]。早期关于出行时间价值的文献主要关注服务水平和个人的社会经济特征，后来，地理学和规划领域的研究人员证明了出行体验如何受到社区和城市的不同环境的影响[73, 74]。然而，很少有研究探讨空间环境对自动驾驶汽车通勤时间价值的影响，这对于理解自动驾驶汽车对未来城市的影响路径非常重要。

现有文献的共识是参与车内活动和有效利用通勤时间可能会降低人们对车内出行时间的敏感性，导致时间价值的下降。大多数研究基于叙述性偏好实验，发现车内活动的机会和更有效利用通勤时间可以降低自动驾驶汽车乘客的交通时间价值（即出行时间成本），根据应用模式（共享或私有），其降低范围为5%~55%[75-80]。例如，利用叙述性偏好调查，学者考察了435名澳大利亚受访者乘坐自动驾驶汽车的时间价值[75]。结果表明，受访者单独乘坐共享和拼车自动驾驶汽车时，时间价值分别下降到当前模式的约65%和90%。在瑞士苏黎世，受访者在传统汽车、自动驾驶接驳车、共享自动驾驶汽车和拼车自动驾驶汽车之间做出行选择时，与传统模式相比，共享和拼车自动驾驶汽车的时间价值分别降低了38%和30%[76]。

时间价值的改变也具有空间性。城市空间的物理特征包括城市建成区的形状、大小、密度和结构，这些特征可以呈现在不同的地理尺度（跨越社区层面到区域层面）并影响居民的日常出行行为[82]，并通常可根据五个相互关联的维度来衡量：人口或经济活动密度、土地利用的多样性、街道和路径的设计、目的地的可达性和距离公交站点的距离[73]。但是仅有少数研究关注了城市空间对居民乘坐自动驾驶汽车时的时间价值的影响。鉴于美国在收入、种族和民族以及住房类型方面存在高度的空间隔离，大都市区内的空间环境在很大程度上与环境的其他维度相关，例如，社会规范、阶级、生活方式和建筑环境[83]。这种空间差异，是事实上的社会/种族差异，不仅体现在通勤出行中，而且还产生了差异化的通勤[84]。例如，城市地区通勤的特点是交通拥堵和驾驶环境复杂，特别是对老年人来说，农村地区通勤面临着更高的致命车祸风险。此外，人们的生活方式和活动模式往往与不同的地理区域相一致，而这些区域的建成环境也不同。这些生活方式和建成环境也影响着通勤时间的价值[85]。因此，可以合理地预期，自动驾驶汽车会对不同地理区域人们的出行时间价值产生不同的影响。

当然，不同大都市地区的通勤体验也有所不同。通常，大都市区的规模和结构是相互关联的，两者共同影响出行的方式、时间、数量和安全性[86]。虽然是从经济角度衡量通勤体验，但它们同样也具备个性和主观情感，这是由城市的社会环境造成的。例如，人们对小城镇的交通服务的满意度最高，而大城市的满意度最低[87]。此外，大城市的科技和服务业就业岗位大幅增长，形成了非传统的工作时间表，导致通勤高峰的时间不同。例如，纽约大都会交通管理局必须重新优化其系统，以应对全天所有时间的高客流量。然而，特定的都市地区（通常是较大的都市地区）经验可能会被过度代表并成为程式化的事实[88]。美国小城市具有独特的社会和自然环境，可能会在自动化和网联技术革命中面临独特的挑战。

对文献的回顾表明，自动驾驶技术对出行时间价值的潜在影响可能在大都市区内和大都市区之间的不同位置上存在空间差异。本书重点关注美国中小城市中使用私家车通勤的居民，重点关注他们在城市、郊区和农村地区的空间背景，研究这些通勤者在乘坐自动驾驶汽车时如何看待他们的车内时间。更具体地说，本章节通过解决以下两个问题对文献做出了贡献。

①与乘坐普通车辆相比，自动驾驶汽车和共享自动驾驶汽车会在多大程度上改变车内时间的价值？

②乘车时间价值的变化将如何因通勤者的空间环境而变化？

2.3 离散选择实验

2.3.1 实验概述

笔者设计了离散选择实验（discrete choice experiment，DCE），收集通勤者出行时在常规汽车、自动驾驶汽车和共享自动驾驶汽车之间选择的陈述偏好数据，用以评估他们的通勤时间价值。DCE 是一种生成行为数据的陈述偏好方法，广泛应用于项目评估和新产品预测[89]。目前，参与者较为难以想象乘坐自动驾驶汽车通勤，他们设想的变化可能会影响他们的答案，从而影响出行时间价值的变化。为了应对这一挑战，笔者根据受访者的日常通勤行程设计了实验情景，并提供了帮助他们设想自动驾驶汽车时使用的说明和问题。以下部分描述了选择实验情景选项的属性和级别、实验选择设计的构建、参考依赖选择任务的设计以及招募。

所述选择实验使用 LimeSurvey 平台在线完成。LimeSurvey 是一个开源调查平台，允许设计算法根据受访者的参考行程信息分配选择集。该调查有五组问题。第一组收集了受访者参考出行的信息，受访者需要提供最近一次乘坐私家车上班或上学的交通金钱成本和时间成本。第二组评估了受访者对交通技术的认知和态度（例如，乘车共享、互联网车辆、自动驾驶汽车以及他们对驾驶的喜爱程度）。第三组介绍了自动驾驶汽车和共享自动驾驶汽车技术，并询问他们乘坐自动驾驶汽车和共享自动驾驶汽车时从事各种活动的可能性有多大。第四组根据第一组提供的参考行程提出了四项选择任务，包括出行费用和出行时间，受访者被要求选择他们的首选。第五组收集受访者的社会经济特征。

2.3.2　属性和等级的设定

该研究设计使用了两个特征属性来定义出行：出行费用和车内出行时间。因为出行时间价值变化主要是源于车内时间的多任务可能性，所以实验只关注车内出行时间。出行费用和车内出行时间的特征水平是根据受访者提供的参考行程和各种公开数据计算得出的。笔者将受访者报告的参考出行分为五个部分：短途出行（出行时间 ≤ 20min）、中低出行（20min< 出行时间 ≤ 40min）、中高出行（40min< 出行时间 ≤ 60min）、长途行程（60min< 出行时间 ≤ 90min）和超长行程（出行时间 >90min）。笔者从交通统计局出版物和全国家庭出行调查出版物中收集每英里 ① 成本和平均通勤速度信息。

笔者将每英里成本设定为 0.2 美元，短途出行的平均速度为 30 英里 / 小时，中程出行的平均速度为 40 英里 / 小时，长途和超长途出行的平均速度为 50 英里 / 小时。每英里成本包括燃料成本和受访者认为的其他未观察到的成本，不包括车辆折旧 [90]。私有自动驾驶汽车和共享自动驾驶汽车的时间和费用属性以每个行程分组计算的参考行程的行程时间和费用为中心。

---

① 　1 英里 ≈ 1.61km

围绕参考行程属性进行设置时需要遵循的一些规则，表 2.1 和表 2.2 总结了所有属性及其级别。共享自动驾驶汽车比私有自动驾驶汽车和普通汽车的出行时间更长、出行成本更低。与普通汽车相比，私有自动驾驶汽车的出行成本较高，但出行时间存在较短、相同或更长三种情况。私有自动驾驶汽车比共享自动驾驶汽车更昂贵且速度更快。

2.3.3　实验设计

笔者使用 Ngene 软件（ChoiceMetrics）用于生成针对面板混合逻辑回归模型优化的设计，设计过程可以根据各个部分的比例生成具有参考替代方案的设计。笔者设计了五个级别，并为五个级别分配了不同的权重（图2.1）。权重是中小城市中的平均行程长度所占的份额。笔者首先使用贝叶斯先验优化多项逻辑模型的设计，并评估面板混合逻辑模型的设计优劣。出行时间和出行成本的贝叶斯先验基于最近使用类似实验设计的研究[91]。最终设计的决定效率（D-efficiency）误差为 0.130，这表明设计的整体效率和统计能力良好。所生成的选择情景也通过没有相关教育背景的一般人进行了集中测试，以确保情景的真实、熟悉且不太复杂。

共享自动驾驶汽车属性、级别和分配规则概述　　　　　　表 2.1

出行类别：共享自动驾驶汽车	出行时间（min）		出行花费（$）		分配规则
	参照线	调整级别	参照线	调整级别	
短途出行 ≤ 20min	15	（3，5，7）	2	（1.5，1，0.5）	分配，如果出行时间 <20min
20min< 中低出行 ≤ 40min	30	（8，12，16）	4	（5，3，2）	分配，如果 20min ≤ 出行时间 <40min

续表

出行类别：共享自动驾驶汽车	出行时间（min）		出行花费（$）		分配规则
	参照线	调整级别	参照线	调整级别	
40min<中高出行≤60min	50	（8，12，16）	7	（5，3，2）	分配，如果40min≤出行时间<60min
60min<长途行程≤90min	70	（15，20，25）	12	（3，5，7）	分配，如果60min≤出行时间<90min
超长行程>90min	100	（15，25，35）	17	（5，7，10）	分配，如果出行时间≥90min

注：共享自动驾驶汽车的属性级别通过参考级别加调整级别计算。

私有自动驾驶汽车属性、级别和分配规则概述　　　　表 2.2

出行类别：私有自动驾驶汽车	出行时间（min）		出行花费（$）		分配规则
	参照线	调整级别	参照线	调整级别	
短途出行≤20min	15	（-5，0，5）	2	（5，3，2）	分配，如果出行时间<20min
20min<中低出行≤40min	30	（-5，0，5）	4	（11，8，6）	分配，如果20min≤出行时间<40min
40min<中高出行≤60min	50	（-7，0，7）	7	（11，8，6）	分配，如果40min≤出行时间<60min
60min<长途行程≤90min	70	（-10，0，10）	12	（14，12，9）	分配，如果60min≤出行时间<90min
超长行程>90min	100	（-10，0，10）	17	（18，15，12）	分配，如果出行时间≥90min

注：私有自动驾驶汽车的属性级别通过参考级别加上调整级别计算。

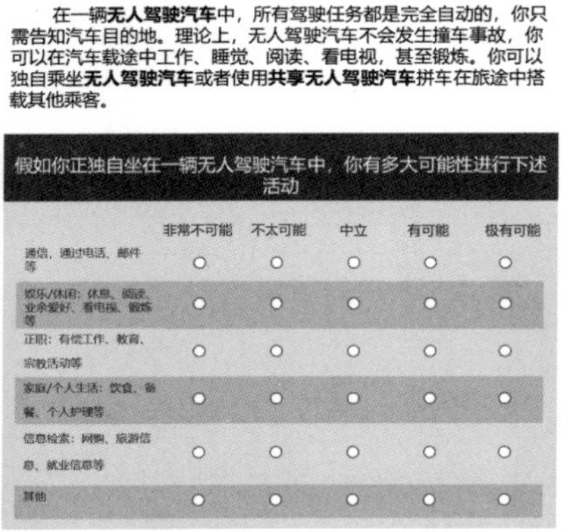

在一辆**无人驾驶汽车**中，所有驾驶任务都是完全自动的，你只需告知汽车目的地。理论上，无人驾驶汽车不会发生撞车事故，你可以独自乘坐**无人驾驶汽车**或者使用**共享无人驾驶汽车**拼车在旅途中搭载其他乘客。

假如你正独自坐在一辆无人驾驶汽车中，你有多大可能性进行下述活动					
	非常不可能	不太可能	中立	有可能	极有可能
通信、通过电话、邮件等	○	○	○	○	○
娱乐/休闲：休息、阅读、业余爱好、看电视、锻炼等	○	○	○	○	○
正职：有偿工作、教育、宗教活动等	○	○	○	○	○
家庭/个人生活：饮食、餐、个人护理等	○	○	○	○	○
信息检索：网购、旅游信息、就业信息等	○	○	○	○	○
其他	○	○	○	○	○

图 2.1 自动驾驶汽车的介绍和车内活动的可能范围

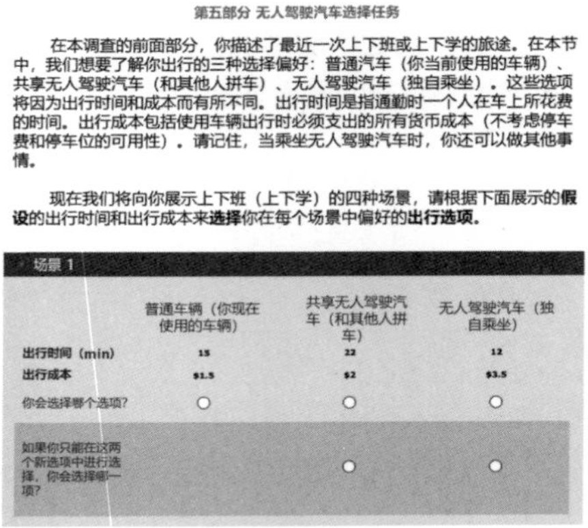

第五部分 无人驾驶汽车选择任务

在本调查的前面部分，你描述了最近一次上下班或上下学的旅途。在本节中，我们想要了解你对出行的三种选择偏好：普通汽车（你当前使用的车辆）、共享无人驾驶汽车（和其他人拼车）、无人驾驶汽车（独自乘坐）。这些选项将因为出行时间和成本而有所不同。出行时间是指通勤时一个人在车上所花费的时间。出行成本包括使用车辆出行必须支付的所有货币成本（不考虑停车费和停车位的可用性）。请记住，当乘坐无人驾驶汽车时，你还可以做其他事情。

现在我们将向你展示上下班（上下学）的四种场景，请根据下面展示的**假设**的出行时间和出行成本来**选择**你在每个场景中偏好的**出行选项**。

场景 1	普通车辆（你现在使用的车辆）	共享无人驾驶汽车（和其他人拼车）	无人驾驶汽车（独自乘坐）
出行时间（min）	15	22	12
出行成本	$1.5	$2	$3.5
你会选择哪个选项？			
如果你只能在这两个选项中进行选择，你会选择哪一项？		○	○

图 2.2 选择集的示例

2.3.4 选择任务

每个选择集提供三种选择：普通车辆（RVs）、共享自动驾驶汽车（SAVs）和私有自动驾驶汽车（AVs）（图 2.2）。所有选择均根据出行时间和出行费用进行描述。普通车辆的选项很重要，因为它增加了调查的真实性，并有助于将其与自动驾驶车辆进行比较。受访者被要求从三种选择中以及拼车和独自乘坐无人驾驶汽车之间选择最喜欢的选项。如上所述，为每个行程段生成 12 个选择集。每个受访者在每个出行段的 12 个选择集中被随机分配 4 个选择集。受访者被要求从三种选择中以及共享和单独乘坐无人驾驶汽车之间选择最喜欢的选项。

2.3.5 招募受访者和数据收集

所述选择实验的目标人群是居住在中小城市的汽车通勤者。本章中的中小城市是指那些人口在 200,000~450,000 的城市，这些城市的人口正在增长，并且大多依赖汽车作为出行手段[11]。例如，博尔德（科罗拉多州）、孟菲斯（密歇根州）和夏洛特（弗吉尼亚州）都包含在抽样框架中。

市场研究公司光速研究有限责任公司（LightSpeed Research LLC）实施了这项调查。在 40 多个国家 / 地区有超过 550 万人选择加入其潜在调查参与者小组。其中一部分人收到了调查通知并被允许参与调查。具体来说，年满 18 岁、目前乘坐私人乘用车上班或上学、居住在美国中小城市的个人有资格参加。潜在的调查参与者将收到有关调查的基本信息，然后选择参与或不参与。笔者于 2017 年 11 月 3 日至 8 日发布了在线调查，共有 4625 名参与者回复了调查，其中 2111 人符合资格并完成了调查。在完成回答的参与者中，有 230 名参与者因回答时间极短（<3min）而被排除，留下 1881 份有效回答作为最终样本（本研究的研究人员完成调查至少需要 5min。笔者决定使用 3min 作为阈值，以防阅读速度过快而影响分析结果）。表 2.3 使用 2017 年美国全国家庭出行调查（NHTS）将样本人口统计数据与美国中小城市的人口统计数据进行了比较。该样本似乎稍微低估了年轻（18~54 岁）、男性和富裕（家庭收入 20 万美元及以上）的个体，但过多地代表了年龄较大（55 岁及以上）和拥有学士学位的个体。样本与 2017 年 NHTS 数据之间的差异可能导致出行时间价值估计值小于真实值，因为根据之前的文献，出行时间价值与收入正相关，与可支配时间呈负相关[70]（表 2.3）。

2017 年美国全国家庭出行调查受访者（汽车通勤者）的汇总统计　　表 2.3

变量	均值	标准差	均值	标准差
平均家庭规模	2.383	1.24	3.060	0.25
	百分比		百分比	
男性	41.9%		52.3%	

变量	均值	标准差	均值	标准差
本科学历及以上	47.0%		39.0%	
年龄 18~24 岁	6.5%		13.4%	
年龄 25~34 岁	11.0%		22.7%	
年龄 35~44 岁	14.9%		20.3%	
年龄 45~54 岁	18.4%		20.0%	
年龄 55~64 岁	27.5%		18.1%	
年龄 65 岁及以上	21.7%		5.4%	
家庭年收入 <$24,999	12.7%		0.9%	
$25,000< 家庭年收入 ≤ $49,999	26.1%		13.2%	
$50,000< 家庭年收入 ≤ $74,999	23.0%		23.9%	
$75,000< 家庭年收入 ≤ $99,999	17.1%		20.7%	
$100,000< 家庭年收入 ≤ $199,999	17.7%		14.2%	
家庭年收入 >$200,000	3.4%		23.2%	
家庭年收入无应答	4.6%	NA	3.9%	NA
短途出行 ≤ 20min	44.8%	NA	48.0%	NA
20min< 中低出行 I ≤ 40min	35.5%	NA	38.9%	NA
40min< 中高出行 II ≤ 60min	9.3%	NA	8.6%	NA
60min< 长途出行 ≤ 90min	5.7%	NA	2.7%	NA
超长行程 >90min	4.7%	NA	1.8%	NA

注：1. 人口描述性统计数据基于 2017 年全国家庭出行调查中人口大于 25,000 人且小于 499,999 人的大城市统计区汽车通勤者的加权样本特征；2.NA 表示不适用。

2.4　计量分析

2.4.1　模型框架

在大多数交通模型中，基本假设是人们在金钱和时间之间进行权衡，并愿意付出金钱来减少出行时间。笔者对选择数据的分析依赖于随机效用模型框架[92]。该模型基于这样的假设：理性个体选择最大化派生效用的替代方案。假设效用 W_{nj} 是与受访者 n 和替代方案 j 相关的观测变量。因此，在选择实验中，受访者 n 在选择情景 s 中选择替代方案 j 所得出的效用由下式给出：

$$W_{nsj}=\beta X_{nsj}+\varepsilon_{nsj}\ n=1,\cdots,N\ \ j=1,\cdots,J\ \ s=1,\cdots,S \qquad （1）$$

式中，X_{nsj} 为与替代方案 j、选择情景 s 和受访者 n 相关的观察变量；β 为针对受访者和替代方案固定的系数；ε_{nsj} 为标准多项逻辑模型假设特殊误差项。标准多项逻辑模型假设，独立于不相关替代项（independence from irrelevant alternatives，IIA），并且与 Gumbel 分布相同。也就是说，对于给定的一组选择，由于模型中遗漏了与选择相关的变量，因此可能会违反 IIA 假设。在研究背景下，这种简单化和限制性的假设并不现实，因为人们可能会期望 SAVs 从拼车的人那里获得更多的资金。这个问题类似于线性回归模型中误差的统计独立性。鉴于这种担忧，笔者使用了标准多项逻辑模型的一种广泛使用的扩展，即混合逻辑模型（mixed logit model），以处理选择集中不同选项之间的依赖性。

2.4.2　混合逻辑模型

混合逻辑模型允许灵活的替换模式扩展标准多项逻辑模型，从而放宽了对 IIA 假设的限制[93]。受访者 n 在选择情景 s 中选择替代方案 j 的选择概

率可写为

$$P_{nsj} = \frac{\exp[\beta X_{nsj} + (\mu Z_{nsj} + \varepsilon_{nsj})]}{\sum_{n=1}^{N} \sum_{j=1}^{J} \sum_{s=1}^{S} \exp[\beta X_{nsj} + (\mu Z_{nsj} + \varepsilon_{nsj})]}$$
$$n = 1, \cdots, N \quad j = 1, \cdots, J \quad s = 1, \cdots, S \tag{2}$$

式中，μ 为均值为零的随机变量；Z_{nsj} 为与替代方案 j 相关的观察变量，这里即为行程时间成本和行程金钱成本。这些参数在受访者之间连续分布，这将使我们能够得出支付分配的意愿。受访者 n 在情况 s 中，当选择的替代方案 j 为共享自动驾驶汽车（SAV）时的相关的效用由式（3）给出；当选择的替代方案 j 为私有自动驾驶汽车（AV）、传统的常规汽车（RV）时的相关的效用由式（4）给出。

$$W_{nsj} = \beta_n \mathrm{TT}_{nsj} + \theta \mathrm{TC}_{nsj} + \varepsilon_{nsj} \tag{3}$$

$$W_{nsj} = \mathrm{ASC}_j + (\beta_n + \beta^{\mathrm{ASC}} \mathrm{ASC}_j) \mathrm{TT}_{nsj} + \theta \mathrm{TC}_{nsj} + \varepsilon_{nsj} \tag{4}$$

式中，ASC_j 为替代方案 j 的特定常数；TT 和 TC 为替代方案 j 的行程时间成本和行程金钱成本；θ 为每个替代方案出行成本的固定系数；ε_{nsj} 为替代方案 j 的标准多项逻辑模型假设特殊误差项（无法被分析人员观察到），被视为随机因素；β_n 为受访者 n 的行程时间成本的随机系数；β^{ASC} 为特定于选项的行程时间成本系数。出行时间的主观价值不仅由个人特征（例如收入）决定，而且还受到实现出行的空间背景的影响。因此，β_n 可能会因人口群体 X_n 和空间环境 U_n 的不同而有所不同。替代方案 j 的选择情况 s 中的 β_n 可以定义为

$$\beta_{nsj} \mathrm{TT}_{nsj} = (\beta'_{nsj} + \delta_{nsj} X_{nsj} + \lambda_{ksj}) \mathrm{TT}_{nsj} \tag{5}$$

式中，δ_{nsj} 为不同社会经济水平或出行时间范围内出行时间偏好的异质性；β_{nsj} 为除了异质性之外的平均出行时间偏好系数；λ_{ksj} 为影响出行时间参数的第 k 类地点的分布平均值，该参数随居住地（即城市、郊区和农村地区）的不同而变化。λ_{ksj}（区域类别）是关联背景特征的函数，可以写为

$$\lambda_{ksj} = \gamma_0 + \gamma_k u_k + v_k \tag{6}$$

式中，γ_k 为第 k 类居住地点；γ_0 为截距；u_k 为与第 k 类地点关联的背景变量；v_k 为与 β_{jns} 相关的随机项。当没有收集到背景变量时，式（6）可拆解为

$$\lambda_{ksj} = \gamma_k + v_k \tag{7}$$

联立式 (3)~ 式 (7)，式 (2) 可改写为

$$P_{nsj} = \frac{\exp\left[ASC_j + (\beta^{ASC}ASC_j + \beta'_{nsj} + \delta_{nsj}X_{nsj})TT_{nsj} + (\gamma_k + v_k)TT_{nsj} + \theta TC_{nsj} + \varepsilon_{nsj}\right]}{\sum_{n=1}^{N}\sum_{s=1}^{S}\sum_{k=1}^{K}\sum_{j=RV,AV,SAV}\exp\left[ASC_j + (\beta^{ASC}ASC_j + \beta'_{nsj} + \delta_{nsj}X_{nsj})TT_{nsj} + (\gamma_k + v_k)TT_{nsj} + \theta TC_{nsj} + \varepsilon_{nsj}\right]}$$
$$n = 1,\cdots,N \qquad j = RV, AV, SAV \qquad s = 1,\cdots,S \qquad k = 1,\cdots,K \tag{8}$$

效用方程通过按个体特征（δ_{jns}，X_{jns}）、替代方案特征（β_{ASC}，ASC_j）和背景特征（$\gamma_k + v_k$）影响出行时间成本的随机参数系数来解释观察到的和未观察到的异质性。

2.5　自动驾驶汽车对出行时间价值的影响

2.5.1　模型结果

估算的模型中，将出行时间和出行选择的常数设置为随机参数，并将出行成本设置为在计算支付意愿时按出行时间缩放的固定变量。最终模型中随机参数行程时间取自三角分布，通过对比赤池信息准则（AIC）和贝叶斯信息准则（BIC），具有相对较好的模型性能。笔者测试了随机参数的不同函数形式，包括正态分布、对数正态分布和三角分布。笔者还估算了不同子组的单独模型，这些子组由驾驶员 / 乘客和居住地的不同来定义。为了解释观察到的偏好异质性，笔者还指定了出行时间，以便在驾驶员和乘客的两个扩展模型中估算车辆类型、个人和环境的异质性参数估计。所有模型均使用 R 统计软件中的"gmnl"包进行估计 [94]。

模型规格及预估模型性能
表2.4

	模型 1	模型 2	模型 3	模型 4	模型 5
出行成本作为固定变量	是	是	是	是	是
出行时间作为随机变量	是	是	是	是	是
特定替代方案的出行时间	是	是	是	是	是
随机替代特定常数	是	是	是	是	是
包括社会经济变量	否	否	否	是	否
包括出行特征	否	否	否	是	否
包括居住地	否	否	否	是	否
出行时间分布	三角分布	三角分布	三角分布	三角分布	三角分布
替代特定常数分布	正态分布	正态分布	正态分布	正态分布	正态分布
样本	城市司机	郊区司机	农村司机	司机	乘客
随机抽取次数	1000	1000	1000	1000	1000
对数概率	−1053	−1491.8	−435.53	−2896.6	−360.62
BIC	2174.195	3057.671	935.370	6093.53	779.555
AIC	2123.932	3001.668	889.063	5861.133	739.234

　　表2.4报告了所提供模型的规格及预估模型性能。模型1~3仅包含替代特定信息和随机效应，用于估计在参考出行中开车并分别居住在城市地区、郊区和农村地区的受访者。模型4估算了作为驾驶员的受访者的偏好，并考虑了他们的社会经济特征、出行条件和居住地等丰富的信息。模型5估算了作为乘客的受访者的偏好。尽管不会增加模型拟合度，但它提供了对偏好异质性的洞察。因此，笔者讨论所有模型的估计系数，并依靠模型1~3推导出普通汽车、共享自动驾驶汽车和私有自动驾驶汽车的通勤时间价值。

　　表2.5报告了混合逻辑模型的估算结果。应该指出的是，因为没有进行实际的出行模式选择，所有结果均基于受访者所陈述的偏好。在各个模型中，替代属性系数在统计上与零显著不同，符合预期的假设，表明存在对不同出行方式的偏好。这种偏好还表现出样本的显著异质性，因为随机

效应成分显著进入并且相对于平均值较大。

此外，参考行程中开车的受访者（以下称为司机）和乘客（以下称为乘客）的估算存在差异也就不足为奇了。对于这些司机来说，属性系数具有预期的符号：平均而言，司机更喜欢较短的出行时间和较低的出行成本。根据模型 1~4，对司机产生的影响在行为上是有意义且值得注意的。

首先，与乘坐共享自动驾驶汽车相比，司机更喜欢乘坐私有自动驾驶汽车，而不是普通汽车，如系数符号所示。

其次，与出行时间交互作用后，家中有子女的情况显示出了负系数，这符合预期，与时间分配理论一致，即那些需要在家庭相关活动上花费更多时间的受访者，除通勤之外，更加重视通勤时间的节省。

再次，短途出行系数为正，它比私有自动驾驶汽车稍大（时间 × 自动驾驶汽车）。已有文献解释了短途出行对出行时间的积极效用，即如果出行时间在可接受的范围内，人们就会重视工作和家庭之间的过渡时间 [95]。此外，在短途出行（不大于 20min）中，不太可能节省大量时间用于其他用途，从而大大减少了出行的负效用。这对无障碍规划有一定的影响。

最后，居住在城市地区的驾驶员比居住在郊区的驾驶员对出行时间的效用价值更高，这可能是因为在城市地区驾驶交通状况复杂，并且在高密度地区容易发生冲突。

基于模型 5，乘客似乎对出行时间和费用不太敏感，但与乘坐共享自动驾驶汽车相比，乘坐普通汽车的系数仍然为负。这是出乎意料的，因为乘坐不同车辆的乘客预计对出行时间评估的变化影响不大。这可能是因为与由其他人驾驶相比，呼叫共享自动驾驶汽车和使用私有自动驾驶汽车能提供一种控制感，这对缓解通勤压力有积极作用。另一种解释可能是，如果乘客当前的通勤不是由他们认识的人驾驶，那么乘客可能更喜欢由机器人驾驶而不是陌生人。尽管与私有自动驾驶汽车的交互系数并不显著，但它具有正值，微弱地表明了不愿意共享乘车的偏好。

混合逻辑模型估算结果　　表 2.5

	模型 1: 城市驾驶员			模型 2: 郊区驾驶员			模型 3: 农村驾驶员			模型 4: 驾驶员			模型 5: 乘客		
	估算系数	标准误差		估算系数	标准误差		估算系数	标准误差		估算系数	标准误差		估算系数	标准误差	
替代特定常数（ASC）															
参考水平: ASC 共享自动驾驶汽车															
ASC 自动驾驶汽车	-3.596	0.769	***	-4.245	0.755	***	-2.523	1.222	*	-4.743	0.605	***	-3.208	1.148	**
ASC 普通汽车	3.740	0.441	***	5.755	0.519	***	5.646	0.873	***	4.565	0.373	***	3.838	0.762	***
方案特定属性															
成本	-0.091	0.052	.	-0.302	0.052	***	-0.792	0.184	***	-0.467	0.050	***	-0.012	0.037	
时间	-0.139	0.043	**	-0.195	0.040	***	-0.203	0.073	**	-0.149	0.078	.	-0.055	0.042	
时间 × 自动驾驶汽车	0.026	0.014	.	0.055	0.013	***	0.037	0.020	.	0.062	0.010	***	0.008	0.016	***
时间 × 普通汽车	-0.033	0.011	**	-0.044	0.012	***	-0.028	0.017	.	-0.027	0.008	**	-0.035	0.015	*
随机效应															
时间	0.137	0.054	*	0.212	0.052	***	0.178	0.091	*	0.194	0.038	***	0.109	0.103	***
ASC 自动驾驶汽车	4.057	0.540	***	3.935	0.507	***	3.437	0.856	***	4.441	0.389	***	3.400	0.778	***

续表

	模型 1: 城市驾驶员		模型 2: 郊区驾驶员		模型 3: 农村驾驶员		模型 4: 驾驶员		模型 5: 乘客	
	估算系数	标准误差	估算系数	标准误差	估算系数	标准误差	估算系数	标准误差	估算系数	标准误差
ASC 普通汽车	3.558	0.334 ***	4.272	0.338 ***	4.047	0.612 ***	3.992	0.230 ***	3.470	0.539 ***
社会人口学变量										
参考水平：年龄（45~54岁）										
时间 × 年龄（18~24岁）							0.014	0.054		
时间 × 年龄（25~34岁）							0.019	0.052		
时间 × 年龄（35~44岁）							-0.048	0.050		
时间 × 年龄（55~64岁）							0.010	0.047		
时间 × 年龄（65岁及以上）							0.035	0.054		
参考水平：（少于24,999美元）										
时间 × 家庭年收入（25,000~49,999美元）							0.017	0.045		

续表

	模型 1:城市驾驶员		模型 2:郊区驾驶员		模型 3:农村驾驶员		模型 4:驾驶员		模型 5:乘客	
	估算系数	标准误差	估算系数	标准误差	估算系数	标准误差	估算系数	标准误差	估算系数	标准误差
时间 × 家庭年收入（50,000~74,999 美元）							-0.020	0.049		
时间 × 家庭年收入（75,000~99,999 美元）							-0.003	0.050		
时间 × 家庭年收入（100,000~199,999 美元）							0.005	0.055		
时间 × 家庭年收入（200,000 美元以上）							-0.024	0.093		
参考水平：兼职工作者										
时间 × 全职工作者							0.031	0.051		
时间 × 退休者							0.115	0.055 *		
时间 × 学生							0.102	0.055		
时间 × 男性							-0.030	0.055		

续表

	模型 1: 城市驾驶员		模型 2: 郊区驾驶员		模型 3: 农村驾驶员		模型 4: 驾驶员		模型 5: 乘客	
	估算系数	标准误差	估算系数	标准误差	估算系数	标准误差	估算系数	标准误差	估算系数	标准误差
时间 × 本科学历							-0.056	0.052		
时间 × 家庭规模							-0.055	0.039		
时间 × 有孩子							-0.100	0.049 *		
出行背景变量										
时间 × 高峰时段							-0.018	0.030		
参考水平: 40min< 中高出行 II ≤ 60min										
时间 × 短途出行 ≤ 20min							0.077	0.030 **		
时间 × 20min< 中低出行 I ≤ 40min							-0.012	0.036		
时间 × 60min< 长途行程 ≤ 90min							-0.052	0.052		

续表

	模型 1: 城市驾驶员		模型 2: 郊区驾驶员		模型 3: 农村驾驶员		模型 4: 驾驶员			模型 5: 乘客	
	估算系数	标准误差	估算系数	标准误差	估算系数	标准误差	估算系数	标准误差		估算系数	标准误差
时间 × 超长行程 ≥ 90min							-0.134	0.086			
空间背景变量											
参考水平: 城市地区											
时间 × 居住在市中心							-0.048	0.015	**		
时间 × 居住在郊区							0.158	0.041	***		
时间 × 居住在农村							0.004	0.029			
选择情景数量	1968		3742		1268		6872			652	

注: 1. *** 代表在 99% 的水平上显著 0.001; 2. ** 代表在 95% 的水平上显著 0.01; 3. * 代表在 90% 的水平上显著 0.05; 4. ` 代表在 95% 的水平上显著 0.1; 5. 成本以美元计, 时间以分钟计。

2.5.2　出行时间的价值

为了提供更直接的潜在行为变化信息，笔者利用模型估算得出驾驶员按地点的行程时间价值（即为节省行程时间付费的意愿）。未使用乘客模型是因为其出行时间价值小且出行成本在模型中也不显著。虽然出行时间价值不显著并不意味着没有偏好，但它只是不允许我们知道这些值的准确性，因为对于乘客得出的出行时间值来说，置信区间会很大。出行时间价值（VOTT）的计算方式为无条件（unconditional）支付意愿。

$$\text{VOTT} = 60 \times \beta_{\text{time}} \frac{\Sigma_{m=1}^{M} \text{ASC}(\beta_{\text{ASC-time}} + |v|_{m})}{M} / \beta_{\text{cost}} \qquad (9)$$

式中，M 为样本量；v 为出行时间的标准误差，遵循三角分布；β_{time} 为出行时间成本系数；$\beta_{\text{ASC-time}}$ 分别是私有自动驾驶汽车（AV）和传统的常规汽车（RV）相对于共享自动驾驶汽车（SAV）的出行时间成本系数。根据随机参数的性质，笔者通过式（9）生成个体 VOTT 的分布。选择试验的出行时间单位为分钟，笔者将 VOTT 分布乘以 60min，得到每小时的出行时间价值。表 2.6 报告了个体 VOTT 分布的平均值、第一分位数和第三分位数出行时间价值，并回应了前文提出的两个研究问题：

①与乘坐普通汽车相比，自动驾驶汽车会在多大程度上改变车内时间的价值？与驾驶普通汽车相比，驾驶员乘坐私有自动驾驶汽车可减少 8%~32% 的车内时间，具体取决于车辆类型和居住地点。驾驶员乘坐私有自动驾驶汽车的出行时间价值降低幅度（18%~32%）比乘坐共享自动驾驶汽车的降低幅度（8%~14%）更大。然而，乘客在乘坐自动驾驶汽车和共享自动驾驶汽车时似乎减少了出行时间价值，但无法得出准确的出行时间价值。

②车内时间价值的变化会如何因通勤者的空间环境而变化？就空间环境而言，居住在郊区的驾驶员通过自动驾驶技术可大幅降低出行时间

价值（AVs：32%，SAVs：14%），其次是城市驾驶员（AVs：24%，
SAVs：13%），然后是农村地区驾驶员（AVs：18%，SAVs：8%）。笔
者使用柯尔莫可洛夫－斯米洛夫检验（Kolmogorov–Smirnov Test）来确定
不同居住地之间出行时间价值分布是否存在显著差异。该检验是一种非
参数方法，当样本不呈正态分布时更可靠[96]。检验结果都表明要不支持
两个分布相同的原假设。此外，正如模型所示，每个居住地的出行时间
价值范围不存在相互覆盖关系，由第一分位数和第三分位数的值表示，
这表明出行时间价值存在显著空间差异，其中私有自动驾驶汽车对出行
时间价值的降低率为31%~41%，共享自动驾驶汽车的降低率为10%左
右。除此之外，估算结果也证明了车内出行时间价值的空间变化是不可
忽略的。

按车辆类型和居住地点划分的出行时间值　　　　表2.6

		普通汽车	自动驾驶汽车		共享自动驾驶汽车	
		VOTT	VOTT	VOTT 下降百分比	VOTT	VOTT 下降百分比
城市/市中心	下四分位数	$40.61	$27.69		$33.30	
	中位数	$53.71	$40.89	23.88%	$46.53	13.38%
	上四分位数	$66.90	$53.82		$59.74	
郊区	下四分位数	$14.36	$7.83		$11.39	
	中位数	$20.54	$13.98	31.95%	$17.58	14.43%
	上四分位数	$26.67	$20.18		$23.69	
	下四分位数	$7.38	$5.73		$6.66	

续表

		普通汽车	自动驾驶汽车		共享自动驾驶汽车	
		VOTT	VOTT	VOTT 下降百分比	VOTT	VOTT 下降百分比
农村	中位数	$9.36	$7.71	17.59%	$8.64	7.69%
	上四分位数	$11.33	$9.68		$10.62	
VOTT 之间差异的 K–S 检验						
自动驾驶汽车	标准化平均偏差					
城市与郊区	0.69	***				
城市与农村	0.92	***				
郊区与农村	0.53	***				
共享自动驾驶汽车						
城市与郊区	0.72	***				
城市与农村	0.95	***				
郊区与农村	0.64	***				

注：*** 表示统计显著性为 0.01。

2.5.3　预测自动驾驶汽车的市场份额

根据估算的混合逻辑回归，笔者预测了不同居住地的自动驾驶汽车出行的市场份额，假设 AVs 和 SAVs 的出行费用降低了 87.5%。参数 87.5%是基于文献中对自动出行服务的成本结构的分析。按居住地划分的预测结果展示了未来自动驾驶汽车细分市场和出行需求变化的潜在前景。图 2.3展示了研究样本的普通汽车、私有自动驾驶汽车和共享自动驾驶汽车的预

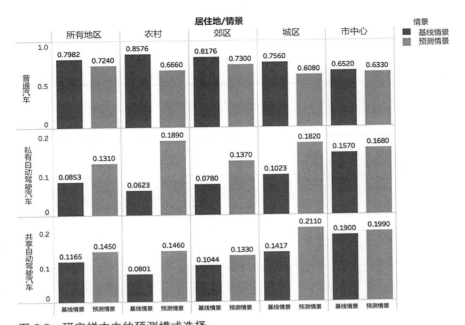

图 2.3　研究样本中的预测模式选择

注：1. 这些是选择每种车辆类型的概率；2. 基线情景是指各类车辆的所有属性均与原始数据相同的情况；3. 预测情景是指自动驾驶出行费用减少 7/8 的情况；4. 每个条形的数字标签表示市场份额。

测通勤模式选择。基准线的市场份额是目前选择实验中费用和时间情景下的概率。预测结果表明，即使私有自动驾驶汽车和共享自动驾驶汽车费用大幅降低，普通汽车仍将主导市场份额。城市地区的私有自动驾驶汽车和共享自动驾驶汽车份额最高，可占近 40% 的市场份额，其次是城市中心。私有自动驾驶汽车和共享自动驾驶汽车份额增幅最大的是农村地区，而私有自动驾驶汽车份额在郊区增长了近一半。

2.6　出行时间价值的空间差异

在这项研究中，笔者通过对中小城市中的通勤者进行离散选择实验并应用混合逻辑回归模型，研究了当前的汽车通勤者在乘坐私有自动驾驶汽车和共享自动驾驶汽车时，如何不同地评估他们的出行时间价值。笔者从这项研究中得出了几个结论。

首先，研究结果支持出行时间价值会变化的假设：与普通汽车相比，私有自动驾驶汽车和共享自动驾驶汽车有可能减少通勤出行的时间价值。然而，研究结果还强调，其对乘客的影响不如对司机的影响大，这可能是因为乘客已经能够获得研究中提出的一些车内机会。车内活动机会受到通勤者的重视，并且可以转化为货币价值的效用。

其次，这项研究还发现，尽管自动驾驶汽车降低了驾驶员对出行时间的评估，但其对时间价值的影响似乎在城市、郊区和农村地区存在空间差异。一方面，减少城市司机的交通成本将使交通拥堵变得更容易忍受，从而城市生活可能会变得更具吸引力。另一方面，郊区司机比城市司机享受的时间价值减少幅度更大。当总体交通成本降低时，居住在郊区也变得更具吸引力。这两种竞争力量（城市致密化与无序扩张）在不同地区的解决方式可能不同。然而，在中小城市中，城市设施稀缺，拥堵成本被认为比大都市区低得多。这些可能会创造一种更利于城市扩张而非增加城市密度的条件。然而，城市空间结构的变化除了交通成本之外，还受到其他复杂因素的影响。其中之一可能是自选择效应，因为生活在城市、郊区和农村地区的人口可能有不同的偏好和社会人口特征。但由于这项研究的横截面设计，笔者无法控制这种效应。

这项研究存在的三个局限性仍需要未来进一步研究。首先，本章只关注通勤出行的车内时间。通勤出行是决定城市形态变化的核心，但只占总出行的一小部分。了解自动驾驶汽车如何影响其他类型的出行（例如购物、医疗、保健和休闲出行）至关重要。而且，在选择实验中没有考虑车外的时间，因为本章关注的是在车内的时间价值的变化。对于出行模式选择决策，特别是非通勤出行，车外时间也会影响出行者的决策。其次，上述结果和

影响是短期的，因为未来自动驾驶被广泛采用时，价值观和社会规范可能
会发生变化。此外，尽管本章的模型中研究了城市、郊区和农村地区，但
值得注意的是，每个空间类别本身在社会和物理结构方面都是不同的。未
来的研究应该对自动驾驶汽车如何影响不同社会人口谱系的个人进行更详
细的分析。最后，本章提出了自动驾驶通勤出行的假设情景，具体的车辆
设计可能会影响通勤体验。

第3章　性别、出行空间与自动驾驶

3.1　不再无用的出行时间

自动驾驶汽车车内活动的潜在机会可能会进一步增强"基于出行的多任务处理"的可能性[97]。这一概念指出"出行时间无用"的假设并不符合人们在出行中可以从事有意义活动的实际情况。基于出行的多任务处理的一个核心含义是，交通方式成为各种活动的移动空间，从而产生可支配的出行时间。这些活动可以包括工作、休闲或无所事事，这反过来又会影响人们的出行体验。特别重要的是，与火车和飞机等其他交通方式相比，自动驾驶汽车内部可以搭载个性化定制的设施，具备成为多种空间的可能性。

许多研究表明人们会利用在自动驾驶汽车中的时间进行活动，并且会影响他们的日常活动计划。调查研究发现，第一，46%的受访者表示"即使我不会开车也要注意路况"，会参与的活动分别是阅读（14%）、发短信（12.7%）和睡觉（9%）[98]。在对美国得克萨斯州的居民调研中发现，受访者假如乘坐自动驾驶汽车，通勤时间主要是看窗外（59%）、与他人交谈（59%）、吃饭（56%）以及发短信或打电话（46%）[99]。第二，车内活动也存在地域差异。例如，研究调查了来自孟加拉国、英国、美国和其他国家的620名受访者，发现现有通勤去程途中最受欢迎的车内活动是"思考和做计划"（54%），其次是学习（44%）和工作（25%）；而通勤回程中最受欢迎的活动是使用社交媒体（47.8%）。然而，分析自动驾驶汽车的预期车内时间使用情况，发现最大比例的受访者会继续关注道路状况[100]。第三，受访者的日常时间使用状况也会影响其车内活动的偏好。针对 27 名受访者的车内行为及其对日常活动计划的影响进行焦点小组讨论后，研究者发现车内活动的异质性取决于人们的日程安排的繁忙程度。日程繁忙的人表示他们希望有效地利用车内时间（例如工作），而其他人则表示他们不会改变车内行为，只会在出行期间进行放松[101]。

然而，上述在自动驾驶汽车车内进行活动的利益也面临着分配不公的担忧。从历史上看，交通改善造成的不平等归因于两个因素：不平等地获得机会；技术的差异化使用[102]。自动驾驶汽车的车内活动可能会改变人们开展工作和进行休闲的能力，并为出行以外的其他活动提供时间。但可行能力的提升也会因个人而异，这不仅是个人偏好的问题，而且还受到个人资源和能力的限制[103]。这意味着要彻底了解自动驾驶汽车的社会影响，就需要研究人们如何使用这项技术。

在这项研究中，笔者调查了自动驾驶汽车的发展如何反映特定人群在日常生活中期望的活动参与，笔者关注的是每天花费大量时间在出行上的通勤者。具体来说，本章想回答以下问题：首先，通勤者在乘坐自动驾驶汽车时会做什么？其次，不同群体的通勤者（尤其是女性）对车内活动的参与程度有何不同？

在本章中，分析的重点是女性。因为她们承担着不成比例的家庭责任负担，并且在参与日常活动方面面临更多与时间相关的限制。平均而言，美国全职女性每天花在家务活动上的时间比男性多 30min（图 3.1）。这种差距阻碍了女性参与能够改善个人福祉（例如休闲和体育）和提高生产力（例如工作）的活动，这一日常活动参与方面的性别不平等已在世界范围内被广泛记录[104, 105]。例如，由于个人时间有限以及工作、育儿和家庭责任之间的需求，一位有孩子的职业母亲往往被排除在工作机

会之外。相反，与收入有关或与交通有关的限制并不是其参与日常活动
的主要障碍[106, 107]。

在时空限制下，女性的通勤时间往往更短、与家庭责任相关的出行比
例更高、出行链更复杂[108, 109]。这些出行模式是相互关联的，因为女性，
尤其是成为母亲后的女性，会限制自己的求职范围，以服务于家务需求。
此外，这种挣扎往往与女性的其他身份交织在一起，如婚姻状况、种族和
经济地位、文化差异、社会资本、职业和公共暴力等。遗憾的是，我们现
有的交通系统往往无法解决这些不平等问题，甚至是造成这些不平等的
原因。

自动驾驶汽车能否在缓解空间和时间限制方面发挥作用？一般来说，
活动类型包括个人活动（如睡觉、吃饭和个人护理）、有偿工作、家务（如
护理、准备饭菜和买菜）、休闲和社交生活（如看电影、去教堂和运动）。
正如我们将要看到的，这些活动有的必须在特定地点进行，有的需要出行
（如护送儿童），还有的既需要出行，又需要前往特定目的地，因个人喜
好而异。

技术变革长期以来一直受到性别偏见的影响，因为总体而言，科技行
业是由男性主导的[110-112]。因此，男性的需求、想象力和经验被隐含地置于
技术创新的中心。性别和技术都是社会建构的，并相互影响着它们之间的
关系。事实上，女性在技术行业中的边缘化对技术进步的过程和结果有着
深远的影响。在自动驾驶汽车系统的持续开发过程中，女性很可能会继续
被边缘化，因为相关领域，如车辆技术、交通规划和自动化工程，都是男
性主导的。因此，性别问题对于本书的研究方向至关重要。

男性和女性这两个性别类别是由角色和责任的差异所定义的。尽管这
种差异因社会而异，但几乎所有社会的女性成员都扮演着女性的角色，承
担着更多的家庭责任。例如，在美国，全职女工每天花在无偿家务活动上
的时间平均比男工多 30min。这种时间使用的性别模式在全球范围内普遍

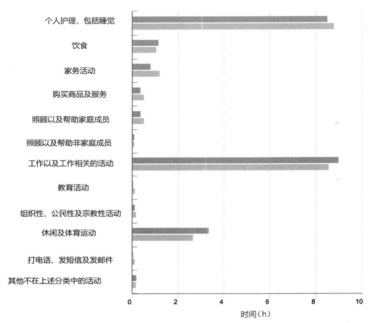

图 3.1   美国全职男性与女性工作日每天花在选定活动上的平均时间
资料来源：美国劳工统计局《2019 年美国时间使用调查》。

存在[113]。这种时间利用上的差距，而不是与收入或交通相关的限制，阻碍了女性参与可以改善个人福祉（如睡眠、休闲和运动）和提高生产力的活动。例如，有孩子的在职母亲由于时间限制以及在工作、育儿和家庭责任之间疲于奔命，往往会被排除在可以获取的机会之外。

自动驾驶汽车可以为各种活动提供定制化的车内空间，人们很可能像在自动驾驶汽车的家中或办公室中一样，在车辆行驶中进行各种日常活动。随着交通技术的日新月异，自动驾驶汽车不仅可以让人们进行不需要特定地点的活动，还可以将自己变成特定的空间，如办公室、厨房和健身房，以满足特定活动的需要。本章通过比较男性和女性如何参与自动驾驶汽车的车内活动，提供关于自动驾驶汽车的发展是否以及在多大程度上反映了女性的偏好和需求（考虑到不平等的时间维度）的洞见。

3.2　概念框架

　　本章节基于时空视角和中益视角构建理论分析框架。这两个理论视角，不仅是一个硬币的两面，也在理解自动驾驶汽车对日常活动参与的分配影响时相互交织。

3.2.1　概念框架一：时空视角

　　笔者借鉴的第一个概念框架是活动参与的时空概念化，它捕捉了一个人在给定的约束条件下（例如个人、土地使用和交通相关的约束）在空间和时间上的活动参与[114]。在过去的三十年里，更轻、更快、更便携、连接性更强的互联网和通信技术（ICT）越来越多地支持基于出行的多任务处理。与本书研究相关的时间地理学文献的一个重要部分集中于信息通信技术对时空自治的影响。这一系列研究探索了信息通信技术如何通过放松时空限制并提升可达性，以最终涵盖物理世界和数字世界。例如，在线购物使全国甚至全球客户都能获得可交易的商品和服务。此外，信息通信技术使人们能够在出行期间执行多项任务，例如在出行时打电话或搜索信息，从而减少了出行时间浪费。

　　同样，自动驾驶汽车不仅可以在移动时使用信息通信技术，还可以在有限空间和时间提高参与活动的可能性，并为数字空间之外的活动提供定制的物理空间。这种颠覆性的变革需要重新构想在混合（数字/物理/时间）空间中的活动参与，与传统出行形成鲜明对比，后者假定出行和在某个地点进行活动之间存在严格的分隔。事实上，交通技术的这种改进似乎代表了马克思所说的"时间消灭空间"，即通过车内空间消灭时间[115]。但是，正如自动驾驶汽车消灭时间（即时间成本）一样，它们也生产时间（即可支配时间），将原本浪费的出行时间转变为可用于工作和休闲活动的时间。

因此，自动驾驶汽车不再是克服距离的手段，而是成为一个移动空间。

车内空间和时间的产生代表了出行的社会实践，因为车内活动的不同可能性取决于人们的个人、社会和经济环境。如果空间和时间是社会现象，那么不同的社会群体对它们的感知和体验就会有所不同[116]。例如，如果妻子和丈夫之间的家庭责任不平等持续存在，车内空间产生的时间可能无法解除上一节讨论的在职母亲的时间限制。相反，自动驾驶汽车可能会导致时间使用上的不平等，并扩大其对日常生活的影响。关于信息通信技术影响的经验证据表明，现有的与家庭责任相关的性别不平等可能会因信息通信技术的使用和采用而加剧[117]。此外，人们的复杂环境产生了不同的需求和愿望，这使得自动驾驶汽车带来的潜在好处变得更加复杂。对自动驾驶汽车来说，要增强活动参与度，它们必须提供所需的活动或填补人们由于时空限制而产生的日常需求的空白。如果人们对车内活动不感兴趣，那么车内活动的特性可能无法增强活动参与度。

总而言之，时空视角指出了车内活动的作用，它可能会增加多任务处理的可能性，从而放松个人的时空限制。鉴于潜在的差异化车内活动参与，笔者介绍了其所使用的公平评估框架。

3.2.2　概念框架二：中益视角

笔者使用中益视角评估车内活动收益的分配效应，它代表了改善福利或增加效用的机会。政治哲学家杰拉德·科恩（Gerald Cohen）在 1990 年提出中益概念[118]："中益是由人拥有物品而产生的状态，效用水平根据这些状态来确定其价值。它是'拥有物'的'后'，是'拥有效用'的'先'。"

因此，中益关注的是商品对人们的作用，而不是像资源主义者或福利主义者那样关注人们拥有的商品数量，或者像福利主义者那样关注人们从商品中获得的效用数量。科恩以一个人的福祉为例，强调了中益与福利和物品的不同维度。他澄清道，例如，我们应该检查人的营养水平，而不仅仅是人的食物供应（资源主义者的观点）或从吃食物中获得的效用（福利主义者的观点）。发展中益有两个动机：除了实际状态之外，我们还需要关注一个人能够达到的状态；对实际状态的评估不能降低为资源导向的审查或效用导向的评估。

　　"是什么被平等分配"这个问题在政治哲学中受到严重争议，并且最近在交通运输研究中得到了探讨[119, 120]。也就是说，应该平等化的适当实体是什么？在交通决策中的公正考虑曾经主要以最大化福利/效用（例如，时间价值和出行满意度）和增加对基础设施和目的地的可接近性（例如，累积可达性）为主。虽然这些观点都没有被完美地证明为优于其他观点，但交通规划学者马丁斯（Martens）和戈卢布（Golub）认为，中益的视角是最适合用于交通公平分析的[120]。他们在交通运输中将中益定义为一个人将交通资源转化为参与活动可能性的程度。

不同平等主义或公平理论的关注点及其在交通运输中的应用　　　表 3.1

作者	被平等化的实体	应用	局限
劳尔斯	物品	给定距离内的目的地数量	不能完全反映由于运气不佳造成的不平等[121]
德沃金	资源	在给定距离内的目的地数量，根据移动能力（身体残疾或可获得的移动选择）进行校正	不能反映一个人利用这些资源能做什么[121]
科恩	中益	一定距离内符合个人需求的目的地数量	了解个人的需求和愿望往往不切实际
森	能力	活动参与情况	比中益更局限。有些商品无须行使任何能力即可提供福利[118]
边沁和米尔	福利/效用	驾驶豪华车带来的满足感	福利可以源于让别人的出行变得不那么吸引人，最高的效用需要最好的服务[122]，福利会受到期望的影响[121]

注：该表通过添加不同理论的局限性并应用于交通来扩展马丁斯和戈卢布文中的表 11.1。

　　表 3.1 说明了不同观点的焦点及其局限性。应用在基于出行的多任务评估时，中益可以定义为在给定个人特征和环境特征的情况下，一个人能够将可用的车内活动转化为福利或效用的程度。在本书中，笔者选择中益来评估车内活动的公平问题，原因如下。

　　首先，中益衡量的是潜在的机会和活动，因为在比较个人时，潜在的出行行为而不是实际出行行为才是重要的。此外，这种潜在的出行行为不仅取决于交通资源的可用目的地，还取决于那些符合人们需求和愿望的目的地。与此相关的是，中益观点不仅关注实际状态，还关注人们可能实现的目标。根据经验，个人在一次出行中可能会或可能不会参与车内活动，这会导致研究人员所谓的"不可观察"信息[123]。在这种情况下，陈述偏好方法可能比显示偏好方法更符合中益的观点，用于捕捉人们可以将车内活动转化为效用和福利的程度。相比之下，人们的陈述性选择一般可以揭示车内活动与他们的需求匹配程度，以及他们在出行中参与这些活动的意愿，而不仅限于少数观察到或报告的实际出行。

　　其次，一方面，中益认识到功利主义方法可能在很大程度上捕捉到社会空间群体之间的差异，而不是交通改善的影响（类似于计量经济学文献中的内生性问题）。另一方面，即使在同一人群中的人们之间，出行带来的效用或主观幸福感也可能有很大差异，这取决于他们心中的尺度和参考点。

　　最后，中益为个人偏好如何在公平性分析中发挥作用提供了空间。更好地参与活动不仅是交通基础设施和目的地的获取问题，也是资源与个人需求和愿望之间契合度的问题[124]。例如，在给定的距离临界值下，肉类市场的数量对素食者购物的便利性提供了毫无意义的信息。反过来，适应性问题也凸显了研究自动驾驶汽车车内活动潜在差异化参与的重要性，这是笔者在本书中将要填补的一个空白。

　　总而言之，中益使我们关注不同群体或个人将车内活动转化为福利或效用的程度，这可能表明这些参与的活动要么符合他们的个人喜好，要么满足他们的日常需求。鉴于时间地理学理论和中益视角都强调实施某些活动和个人情况的可能性，自动驾驶汽车中参与车内活动的情况是可以解决这两个框架的平等分析的理想选择。

3.3　综合理论框架：整合时空行为与分配正义

中益视角为个人偏好在分配分析中发挥作用留出了空间，在评估活动参与度时，中益可能会受到土地使用模式和个人情况的影响[120]。这与时空视角产生了共鸣：参与活动方面是否足够是一个交通基础设施和目的地可达性问题，也是一个资源与个人需求和愿望之间的契合问题。

在应用于自动驾驶汽车的车内活动时，"中益"可定义为车内活动符合人们需求和愿望的程度，与人们是否实际参与这些活动无关。我们在以下框架中将自动驾驶汽车车内活动的益处概念化为中益（图 3.2）。

根据时空视角，车内空间可以通过将车内活动与个人需求、愿望和欲望相匹配，从而产生潜在的福利和效用收益。与英格丽·罗宾斯（Ingrid

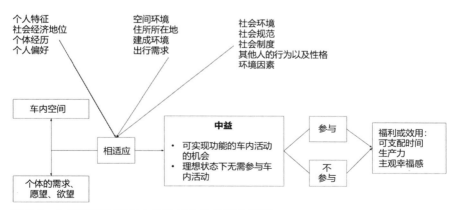

图 3.2　自动驾驶汽车车内活动与中益的概念框架

Robeyns）讨论的影响商品与实现功能之间关系的转换因素类似，这种匹配也受个人特征以及空间和社会环境的影响[125]。但不同之处在于，罗宾斯的框架要求通过选择（这里是实际参与车内活动）来实现理想的存在和行为，而这里的综合框架并不要求实际参与车内活动。顾名思义，这种差异符合中益的观点，即物品（此处指车载活动）对人的作用，而不是人可以用物品做什么。例如，一个人可以通过参与工作活动来提高出行效用，但也可以通过不开车或了解车内活动的可用性来提高出行满意度。

因此，综合框架通过关注影响个人需求的个人、空间和社会因素以及关注车内活动的中介作用，考虑到了车内活动的影响。通过中介作用，我们承认车内空间并不一定带来纯粹的好处。例如，参与车内活动可以产生更多的可支配时间，用于从事更多的无偿家务劳动。尽管如此，技术并不能改变性别关系，但它们提供了改变的可能性。综合框架有助于界定潜在的利益和成本，并确定评估自动驾驶汽车发展的分配原则。下一步，我们将利用大规模实验，通过制定能够捕捉潜能（中益）理论性质的指标和建立选择模型来评估中益的分配情况，从而将这一框架付诸实施。

3.4 数据、测量和方法

3.4.1 数据

本章使用第 2 章收集的数据，其中关键结果变量由图 2.1 中提到的问题生成。选择问题包括人们在使用其他出行方式时经过实证检验的各种车内活动，或者是交通专家和公众预期的活动。笔者定义了两种类型的出行模式：单独乘坐私人自动驾驶汽车（AVs）；租用共享自动驾驶汽车（SAVs）。由于 SAVs 可以通过多种方式操作，因此笔者通过强调与他人共享的性质来广义地定义该术语，即在出行中可能会也可能不会接载乘客。两种车辆之间的区别在于，人们可以在私有自动驾驶汽车中进行家庭或个人活动，但不能在共享自动驾驶汽车中进行。

3.4.2　测量中益

中益为开发自动驾驶汽车潜在参与的车内活动所产生的中益的衡量提供了基础。笔者将每个人对每个活动类别的可能性水平转化为数字，将得到的数字相加得到总分，即：

$$\Pi_i = \sum_{a=1}^{A} f_{ia} \tag{1}$$

式中，Π_i 为衡量第 i 个人对车内活动的潜在参与度的中益分数；f_{ia} 为第 i 个人对活动 a 的潜在参与度的分数。根据规定的车内活动参与可能性，可能性的选择如果是"可能"，则 Π_i 分配值为 1；如果是"极有可能"，则 Π_i 分配值为 2；如果是其他选项，被认为对改善活动参与没有贡献，则 i 分配值为 0。

从概念上讲，Π_i 从两个维度捕捉了乘坐自动驾驶汽车的人的好处：它衡量了车辆提供的多任务处理的程度，从而放松了行程和活动地点之间的分离（类似于效用水平或主观幸福感水平）；它衡量一个人在出行期间期望的活动和需求，这些活动和需求通常因个人和社会人口群体而异。尽管所有个人的编号范围都是相同的，但这样的中间票价分数使我们能够在连续范围内比较个人和群体之间的差异。这导致了这个分数的实际优势，即可以衡量车内活动的整体效益，而不是总结一组模型预测的概率。此外，与中益相比，Π_i 更符合中益的概念，中益关注的是一个人将车内活动转化为福利（例如，提高主观幸福感的娱乐活动）或效用（例如，生产性活动）的程度。可用的车内活动数量以及由于参与活动而增加的福利 / 效用。尽管中益观点具有理论上的优势，但不同活动的中间票价收益可能不会像式（1）那样完全相加，这是将来应该解决的一个限制。

3.4.3　中益的性别差异

分析工作包括三个步骤。首先，根据频率和计数总结了车内活动参与的离散反应，即"极不可能""不太可能""中性""可能"和"极有可能"。其次，估计车内活动选择模型，以了解人们的社会经济特征、对驾驶和交通技术的态度、居住地和出行环境如何影响他们潜在的车内活动。由于结果变量是分类的，并且具有有意义的顺序，表明活动参与的可能性，因此通过有序逻辑回归估计活动选择模型。最后，根据第 3.4.2 节中开发的测量方法计算中益的收益，并根据通勤者的个人、社会和空间特征对中益分数 Π_i 进行线性回归。使用模型的结果来评估群体之间潜在参与车内活动的差异。上述分析是使用统计软件包 Stata 14 进行的。

笔者分三个部分介绍估计结果。首先，对车内活动的类型和潜在参与水平进行总体概述。其次，将介绍有序逻辑回归的估计结果，探索参与车内活动的影响因素。最后，计算中益收益并比较不同群体之间的差异。

在表 3.2 和表 3.3 中，对私有自动驾驶汽车和共享自动驾驶汽车通勤者参与车内活动的描述性分析进行了描述。结果强调，私有自动驾驶汽车和共享自动驾驶汽车之间的活动参与模式相似。总体而言，车内活动参与度没有我们预期的那么高：大约 40%~50% 的人表示他们很可能或极有可能进行除工作以外的活动；人们最不可能进行工作活动（约 25%），包括生产性工作、正式活动和学习；最喜欢的活动是沟通，包括电话、电子邮件等。

然后，检查了可能参与车内活动的人是否与那些不参与的人存在系统性差异。该度量总结了进行车内活动的人和不进行车内活动的人特征自变量分布之间的差异，提供了有关两组样本特征的分布重叠的程度，而不仅仅是像大多数其他度量那样简单地比较平均值的差异。使用这种方法，笔者发现了一个有说服力的规律，即可能参与至少一项车内活动的人和那些不参与车内活动的人之间存在系统性差异，因为多元不平衡指标显示超过

99% 的两组人之间分布不重叠。这意味着就两个群体的观察结果而言，他们在社会经济特征、态度、居住环境和通勤模式方面来自两个不同的群体。具体来说，不会进行任何车内活动的人属于以下一种或多种类别，例如年龄超过 55 岁、家庭收入低于 49,999 美元、根本不喜欢驾驶、通勤时间少于 20min 以及居住在城市中心或农村地区。这些结果表明，人们可能会根据自己的特征和环境进行不同的车内活动。然后，笔者使用有序逻辑回归来研究这些因素如何影响人们对车内活动的潜在参与度。

通勤者参与私有自动驾驶汽车车内活动的百分比　　　　　表 3.2

可能性	通信	娱乐	工作	家务	信息检索	其他
非常不可能	13.4%	20.6%	26.0%	20.3%	18.9%	22.3%
不太可能	11.6%	18.7%	24.3%	20.0%	17.7%	11.5%
中立	17.9%	18.4%	23.8%	20.2%	20.0%	45.7%
有可能	37.2%	29.3%	18.9%	30.5%	31.1%	13.9%
极有可能	19.9%	13.1%	7.0%	9.1%	12.3%	6.6%
观测数	1791	1791	1791	1791	1791	1791

通勤者参与共享自动驾驶汽车车内活动的百分比　　　　　表 3.3

可能性	通信	娱乐	工作	家务	信息检索	其他
非常不可能	13.1%	15.8%	25.7%	NA	17.9%	21.4%
不太可能	12.8%	14.9%	24.2%	NA	17.8%	11.6%
中立	19.6%	18.3%	24.5%	NA	21.7%	45.6%
有可能	36.0%	36.7%	18.5%	NA	31.4%	14.4%
极有可能	18.6%	14.5%	7.0%	NA	11.2%	7.1%
观测数	1791	1791	1791	1791	1791	1791

注：NA 表示不适用。

　　图 3.3 和图 3.4 显示了有序逻辑回归的结果，解释了私有自动驾驶汽车和共享自动驾驶汽车中参与车内活动的决定因素。这些图是使用 Stata 软件

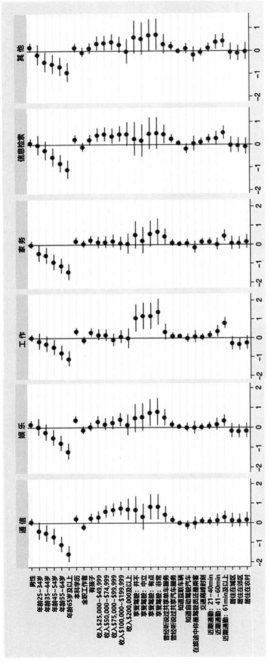

图 3.3 车内活动估计有序逻辑回归的系数图：私有自动驾驶汽车

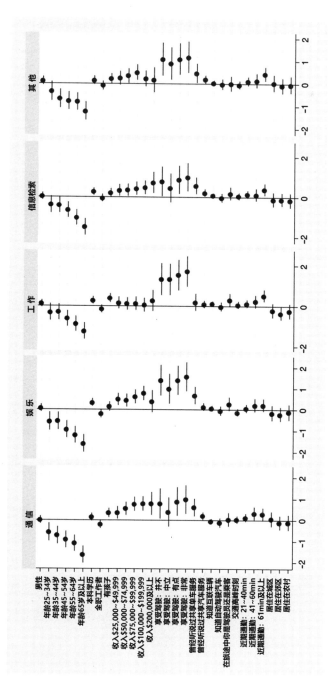

图 3.4　车内活动估计有序逻辑回归的系数图：共享自动驾驶汽车

包"coefplot"生成的。两图中,黑点代表估计系数;跨点的黑线代表 95%
置信区间;x 轴包括系数和置信区间的相应值和符号。总共有 11 个回归。
这些回归的 R^2 约为 0.4。

笔者发现,一般来说无论是乘坐私有自动驾驶汽车还是共享自动驾驶
汽车,如果人们更年轻、更富裕、受过良好教育、家里有孩子并且通勤时
间更长,他们更有可能参与车内活动;而单是男性这一因素并不会增加参
与车内活动的可能性。为了说明不同个人可能参与的车内活动,笔者举了
几个例子。

①拥有学士学位的人相比在共享自动驾驶汽车中,在私人自动驾驶汽
车中更有可能进行交流活动。

②居住在郊区且上班时间超过 60min 的人更有可能进行工作、信息搜
索和其他活动,而类似的人可能只在通勤时间超过 60min 的情况下进行家
庭活动 20 ~ 40min。

矛盾的是,更喜欢驾驶的人也更有可能想要进行车内活动,反之亦然。
这可能是因为汽车技术不断增加的功能是让人们对汽车产生依恋的有力手
段 [126]。因此,有理由期望喜欢驾驶的人也能享受到更好的车内空间。就私
人自动驾驶汽车和共享自动驾驶汽车的差异而言,在其他条件相同的情况
下,自动驾驶汽车比共享自动驾驶汽车更能满足男性的娱乐需求,并为通
勤高峰时段进行家庭活动提供机会。

为了揭示回归系数背后可能存在的复杂模式,笔者使用一系列针对更
细粒度人群的线性回归来预测中益 π_i。中益根据式(1)计算。图 3.5、图
3.6 说明了关注性别的不同群体参与者的中益 π_i。2019 年美国劳工统计局显
示,女性在日常生活中面临更多时间限制。预测的中益增加一个单位表明
人们参与可带来效用或福利的车内活动的可能性显著增加(例如,极不可
能 / 不太可能 / 中性 / 能 / 很可能 / 极有可能)收益。

年龄更大的群体在自动驾驶汽车进行车内活动获得的中益会更低,而

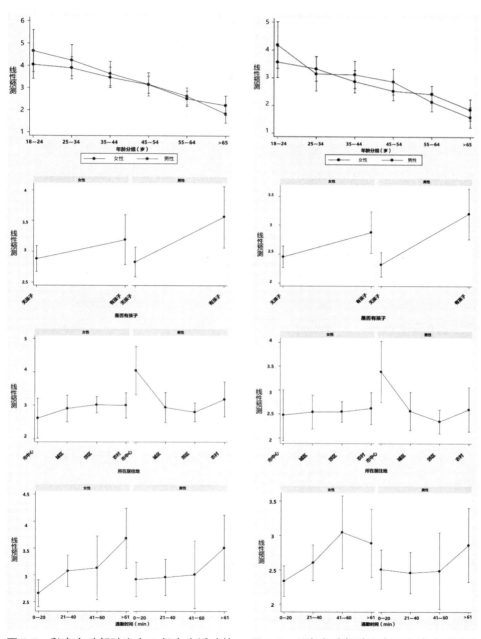

图 3.5　私有自动驾驶汽车 A 组车内活动的
预计中益

图 3.6　共享自动驾驶汽车 B 组车内活动的
预计中益

且这种趋势不会因性别而有差异，这与从有序逻辑回归中发现的结果一致。在有孩子的家庭中，男性通勤者的中益似乎更高，但其差异在统计上并不显著。当男性和女性通勤者的通勤时间较长时，他们的中益都会更大。从空间格局来看，随着居住地点从城市地区向郊区和农村地区转移，中益往往会增加，但只有郊区的通勤者呈现出统计上更显著的收益。共享自动驾驶汽车的中益收益与私有自动驾驶汽车具有相似的趋势，但最大值较小，部分原因是家庭活动没有作为共享自动驾驶汽车选择问题的选项。一个区别是，与乘坐私有自动驾驶汽车出行的时间超过60min相比，女性通勤者的出行时间为41 ~ 60min，乘坐共享自动驾驶汽车的中益涨幅最大。

总体而言，正如从有序逻辑回归中观察到的那样，没有发现男性和女性之间的中益收益存在显著差异，但边际预测揭示了一个值得注意的模式，即中益在每个性别群体中的分布并不均匀，具体取决于收入水平、通勤时间和居住地点。

3.5 车内活动机会的分配平等

在这项研究中，笔者研究了自动驾驶汽车如何改变人们在出行过程中的活动行为，以及这些变化如何反映特定人群的偏好和需求。从这项研究中得出了以下几个结论。

结论一是，笔者发现更年轻、受教育程度更高、更富裕的通勤者更有可能使用车内活动并从中受益。这一发现支持自动驾驶汽车可以通过提供车内活动机会来提高人们的活动参与度。在那些从事车内活动的人中，大多数人并不进行能够产生经济价值的生产性活动，这意味着为自动驾驶汽车节省的出行时间付费的意愿的变化可能不会更有效地利用出行时间。

结论二是，虽然自动驾驶汽车可以提高以前受空间和时间限制的活动参与度，但其效果因性别、年龄、教育水平、收入水平、通勤出行和居住地点等人群之间和人群内部的不同而有所不同。这一发现支持了之前的论点，即不仅获得新技术的机会不平等，而且这些技术的差异化使用也与社会不平等有关 [102]。一个值得注意的模式是，年龄较大的受访者对参与车内活动表现出较少的兴趣。这可能有两种解释：一是，老年人更感兴趣的是自动驾驶汽车提供的独立出行能力，而不是车内活动的能力；二是，老年人如果觉得自动驾驶汽车的发展超出了他们的控制范围，可能会很难想象如何参与车内活动。笔者相信这个解释具有重要的意义。与主观印象不同的是，老年人在许多情况下，可能是新技术的早期采用者 [127]，让老年人参与自动驾驶汽车的开发可以促进扩散和创新的共同发展。在中益视角和时空框架下，笔者还认为车内活动的差异化使用可能是个人偏好，也可能是社会产生的约束，这也许就是人群之间和人群内部存在差异的原因。

笔者进行分析时意识到，女性通常比男性面临更多的时间限制，这主要归因于即使她们有全职工作，也要投入更多的时间来承担家庭责任。总体而言，男性和女性的中益没有显著差异，但性别群体内部存在差异。根据劳尔斯（Rawls）的差异原则 [128]，这种平等的收益并不能解决男女在活动参与方面的不平等问题，因为最需要的群体（即女性）未能获得最多的收益，从而导致男性和女性在活动参与方面的不平等，现有的差距仍然存在。那么更具挑战性的问题是，参与车内活动是否会加剧当前已经存在的家庭责任不平等，这两种情况都在数字发展对不平等的影响中被观察到。如果车辆的开发和设计保持性别中立，现有的差距更有可能被扩大，而不是缩小。

这项研究做出了两个方法论的贡献，方法论一是，笔者展示了结合中益视角和时空框架来衡量新交通技术的社会影响。这个统一的框架使我们能够捕捉到目的地可达性之外的活动参与维度，即活动的适合性和利用交通改善的能力 / 意愿。方法论二是，笔者还演示了如何使用不同因素组合的边际预测来进一步探索谁受益的复杂性。这些预测使我们能够检查不同社会经济因素相互交织的影响，这些影响可能被整体效应所掩盖（即统计术语中的辛普森悖论和社会学术语中的交叉性）。笔者建议使用这两种方法来更全面地了解新交通选择及其发展背后的交通不平等。

总而言之，研究结果表明，自动驾驶汽车有潜力提高整体人口的活动参与度，这种好处既能解决分配不均，也有助于减少活动参与和社会包容方面现有的不平等。笔者建议政策制定者探索让收入水平、年龄和健康状况方面的弱势群体参与的可能性，并了解这些群体参与活动的数量和质量。这不仅可以为未来无人驾驶系统的发展提供信息，还可以帮助弱势群体获取和使用新移动技术所需的技术知识。

本书的研究存在以下局限性，在解释研究结果以供未来研究时应考虑到这些局限性。首先，笔者假设自动驾驶汽车可以通过多种方式且无处不在，例如租赁、拥有和雇佣。也就是说，本书没有考虑自动驾驶汽车潜在的获取不平等。其次，数据没有考虑到种族和民族在新技术的获取和使用中发挥的作用。再次，笔者的分析是基于对异性恋家庭的理解，目前尚不清楚自动驾驶汽车会如何影响其他亲密关系类型的权力关系。未来的研究应该探讨在社会、种族和经济群体更加分散的背景下，自动驾驶汽车的获取和使用将会如何变化。最后，笔者的样本仅包括中小都市地区上班或上学的出行者，并且车内活动发生在通勤期间。该分析确实显示了自动驾驶汽车如何影响整体活动参与的直接证据。未来的研究应将总体活动参与与车内活动的潜在参与联系起来。

笔者在制定中益措施方面所做的努力是定义和实施交通改善公平措施的初步尝试。在这一点上，笔者承认这个公式有两个局限性。首先，假设"极有可能""可能"和其他选择之间的间隔是相等的，这可能会缩小或扩大差异的实际大小，但不会改变组间分布的趋势。但是，现有文献实际上没有关于如何衡量中益的理论或经验指导。其次，尽管陈述偏好方法可以更好地评估人们的需求和愿望，但由于没有实际的车辆使用经验，人们在本研究中猜测他们可以在自动驾驶汽车中做什么。未来的研究可能会以所讨论的中益视角和时空框架的融合为基础，进一步地制定措施来反映中益机会和活动的可达性含义。

第 4 章　自动驾驶汽车的空间影响

4.1　争议性的愿景

"人工智能时代"的出现伴随着人们的期望，即自动化／互联交通技术将再次改变城市空间，人们可以解放双手，沿着互联的道路驶入未来城市。虽然自动驾驶汽车可能还需要数年甚至数十年的时间，然而它们却是向智能网联城市系统过渡最明显的例子之一。但自动驾驶汽车的发展先是引发了炒作，然后是质疑。这种质疑在交通研究人员和城市规划者群体中蔓延开来。

有大量证据表明，交通和通信技术通过降低货物、人员和信息流动的成本来改变城市的空间结构[129]。当下，自动驾驶汽车可能带来颠覆性的影响，因为世界上许多城市的公共交通系统不断衰退，遵循以汽车为导向的发展模式，并遭受交通拥堵。一个独特的特点是除了减少导致郊区化的出行成本之外，自动驾驶汽车还可以减少吸引人们进入城市的交通拥堵成本。这两种对城市空间发展的相反影响使得自动驾驶汽车对城市的影响变得模糊。

自动驾驶汽车对城市空间结构有何影响？哪些因素影响了美国城市的空间扩张？在交通技术快速发展的时代，相关政策应如何制订以及什么可以有效确保更可持续的城市发展？最近有关自动驾驶汽车和城市空间结构的研究说明了未来潜在的不确定性。例如，扎哈连科（Zakharenko）开发了一个包含内生居住和工作地点的模型，发现自动驾驶汽车可用性的增加会提高工人的福利、增加通勤距离和扩大城市规模[68]。自动驾驶汽车对拥有公共交通城市的影响将取决于自动驾驶汽车如何与公共交通竞争或补充，拉尔森（Larson）和赵（Zhao）还预测自动驾驶汽车与拼车服务的结合会增加福利，但不同的模型设置可能会导致无序扩张或城市密度增加[67]。拉帕波特（Rappaport）通过考察美国各地的城市，预测自动驾驶汽车可能会给大城市带来上行的压力，也会给小城市带来下行的压力，因为它们通过减轻驾驶负担来提高人口对全要素生产率（TFP）的响应能力并提高通勤效率[130]。拉帕波特的结论是，交通拥堵被证明是降低人口对全要素生产率反应的最关键因素。虽然他们的研究结果表明自动驾驶汽车将改变城市的结构，但这种变化因城市规模和城市不同部分而异，很大程度上取决于技术的实施方式。

　　自动驾驶汽车对城市结构的影响确实存在不确定性，这也提醒我们自动驾驶汽车的发展尚未尘埃落定。正如空间经济学理论所预测的那样，经济的空间结构是由人口和经济活动密度的优势（集聚力）与资源的拥挤或竞争（分散力）之间的平衡决定的[129]。两种力量之间的拉扯取决于一系列因素，包括生产方式、制度环境、城市便利设施和交通成本。自动驾驶汽车可能会以多种方式改变这些因素的参数。一方面，自动驾驶车辆可以降低中心地区的拥堵程度，并能够分配更多的城市空间用于道路和停车场以外的用途，从而增加集聚效应。另一方面，自动驾驶汽车也可能增加车辆行驶里程（VMT），加剧拥堵，并与公共交通系统竞争，从而增加了分散效应。

　　研究通过回顾过去来预测未来，以此推动这场辩论。笔者预估了拥堵成本和距离成本减少的效果。笔者首先从理论上论证自动驾驶汽车将如何影响集聚和分散力量之间的平衡，重点是揭开拥堵对城市影响的神秘面纱。第 4.3 节提出了基于理论的实证策略。第 4.4 节介绍了描述性事实。第 4.5节通过估计集聚力和分散力冲击的影响，研究了过去几十年美国大都市区

的空间动态。由于未来充满不确定性，第 4.5 节扩展了分析，以检验自动
驾驶汽车（如果之前已引入城市）的潜在影响。第 4.6 节总结并强调了一
些政策影响。

4.2　城市空间动态的理论构建

　　本节为实证分析和政策模拟奠定了基础，并展示了在动态和相互依存
的环境中对城市空间结构变化进行建模的理论和证据。该理论框架的结构
如图 4.1 所示，与大量强调交通成本和土地租金之间权衡的城市经济学理
论文献相关，也与解释集聚机制的更广泛的经济地理学文献相关。这些机
制的综合为城市的动态空间结构提供了基本的理论解释，并强调了交通成
本、公共政策、集聚和城市空间结构之间相互依存的关系。

4.2.1　集聚力和分散力

　　在城市化进程中，人类住区在空间上的分布极不均匀，表现为城市和
城市中心。城市和城市本身的空间结构是由集聚力（即生产和居住外部性）
和分散力（即土地供应缺乏弹性和通勤成本）的相对强度决定的，而这些
力量是经济活动分布不均匀的基础[39, 40]。这两股力量都具有外部性——由
于生产的溢出和为产生集聚倾向的家庭提供更好的城市便利设施而提高了
生产率，以及由于更高的密度而导致的拥堵或负外部性，从而限制了集聚
的规模和密度。由于土地供应缺乏弹性，现有城市开发中过高的拥堵成本
可能会导致企业和家庭向城市外围分散，以减少拥堵和土地成本，同时面
临生产力下降和城市基础设施服务水平降低的问题（图 4.1）。一个例子是
人口流动的两个过程：美国 1870—1920 年的城市化，即城市生产力的提高
带来了城市人口急剧增加；以及自 20 世纪 50 年代以来持续的人口分散，

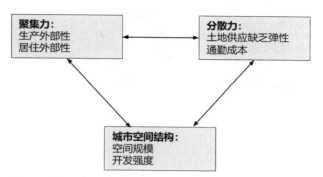

图 4.1　集聚力、分散力与城市空间结构相互依存关系的
理论模型

即人们从中心地区迁往边远地区，以逃避过度拥挤带来的问题。

集聚力和分散力都与周围工人和居民的密度有关。除了获得自然特征等其他基本要素外，集聚力量还表现为生产溢出和便利设施。例如，经验证据发现，人口规模和人口密度对消费设施有重大影响，该研究的消费设施是指城市中餐厅和美食种类的数量[48]。反过来，在集聚力的推动下，城市人口将不断增长，直至最终耗尽人口和就业集中的规模经济。同时，分散力（例如拥堵成本）也是周围密度、技术水平和政策的函数。这两种力量以及它们之间的相互作用体现了城市空间结构是由集聚效应和拥堵成本之间的权衡决定的这一基本见解。

关于理想城市形态的几场著名辩论完美地说明了，密度过高可能会导致不良后果，具体取决于技术水平和政策有效性。虽然规划学者普遍认为高密度城市有着多方面的好处，但最近的一项研究总结了高密度所伴随的拥堵、健康和福祉相关的负面影响，并指出了配套政策和技术的重要性干预措施以尽量减少与高密度相关的成本[131]。正如彼得·霍尔（Peter Hall）所指出的，紧凑性的概念"有一小部分是真实的，而更大的一部分是神话"[132]。因此，了解这些辩论背后的集聚和分散力量的相对强度是一系列规划问题的核心。

雷丁（Redding）和罗西 - 汉斯伯格（Rossi-Hansberg）在定量空间经济学方面的最新发展也许标志着分析这两种力量和进行反事实分析的巨大飞跃[133]。随着这一系列的研究，阿尔费尔特（Ahlfeldt）等人以柏林的分裂与统一作为自然实验，明确估计了集聚与分散的力量及其对城市结构变化的影响[134]。后来，布林克曼（Brinkman）开发了一个类似的模型，但将拥堵作为交通成本的一个单独组成部分[135]。布林克曼研究的比较统计发现，拥堵收费对拥堵成本的积极影响被就业分散造成的生产力损失所抵消。在此之前，只有少数研究涉及这两种力的同时性。其中，阿纳斯（Anas）和金（Kim）首先提出了在集聚与可达性之间进行权衡的均衡模型[136]。

4.2.2　拥堵与城市空间结构

交通成本变化是新兴交通技术影响城市空间结构的关键路径。它由两部分组成：距离成本和拥堵成本，表现为金钱和时间。保持就业的空间分布固定，距离成本的减少会降低居住在靠近就业集中地的相对价值（即导致去中心化），而拥堵成本的减少会增加居住在靠近就业中心的相对价值（即引起致密化）。

关于拥堵影响的文献呈现出不同的结果。例如，有学者发现拥堵与收入增长和经济增长呈负相关[137]，但另外的学者表示，只有在拥堵水平非常高的情况下，预计就业增长才会受到负面影响[138]。这并不奇怪，相反，这些矛盾的出现表明了拥堵的本质，即拥堵是经济增长和低效基础设施的结果，并且往往趋于保持稳定[139]。

集聚力和分散力作用达到平衡的过程塑造了城市的结构。例如，交通基础设施导致美国和中国的中心城市人口和就业减少[140]，而州际高速公路增加 10% 会导致 1984—2004 年间美国大都市地区的就业增长约 1.5%[141]。两组研究的综合结果表明，集聚动态相互关联，导致不同空间层面的分散和增长，进而可能引发二次集聚[142]。因此，有学者指出从城市发展的长远视角出发，需要进行双向研究，而不是仅仅关注交通和城市结构相互影响周期的单个方向[143]。

尽管理论对空间动态有充分的了解，但与实证研究仍然存在一些脱节。造成差距的因素之一是没有好的测量方法来分解运输成本，具体而言包括：距离成本和拥堵成本。保尔森（Paulsen）在一项关于城市扩张的研究中指出，得克萨斯州农工大学交通研究所（Texas A&M Transportation Institute，TTI）提供的拥堵数据不能很好地代表距离成本，并且除了城市之间的差异外，在不同的大都市区之间，每英里距离成本在汽油价格方面不应存在差异[144]。斯皮维（Spivey）利用 TTI 的拥堵数据发现，在横截面环境中，拥堵与城市空间规模之间存在负相关关系[145]。然而，在纵向环境中，如果交通成本能够合理地分解为距离成本与拥堵成本，拥堵可能会增加城市空间规模。

总而言之，前面段落中讨论的理论和经验证据具有以下启示。首先，城市空间扩张是集聚力与分散力相互作用的原因和结果。其次，从经验来看，人口和就业密度可以代表集聚力；分散力可以用拥堵成本和缺乏弹性的土地供应来表示。最后，自动驾驶汽车可以通过对距离成本和拥堵成本的影响进而影响集聚和分散力量之间的平衡。

4.3　实证分析策略

本节介绍理论框架的实证策略。笔者首先进行空间动态分析，考察城市空间扩张过程中集聚力、拥堵和城市土地面积之间相互依赖的机制。然后分解每个因素对随时间空间变化的贡献。最后进行了反事实分析，以评估自动驾驶汽车对城市扩张的影响，并回答了如果自动驾驶汽车之前被引入城市会发生什么的问题。

4.3.1 面板向量自回归模型

该理论框架凸显了经济活动分布的双向动态本质。特别是回顾的理论和证据表明，自动驾驶汽车可以通过减少距离成本和拥堵成本来影响集聚力和分散力，从而影响城市空间扩张。笔者处理向心效应和离心效应同时发生的方法借鉴了面临类似计量经济学问题的宏观计量经济学文献。在该文献中，面板向量自回归（PVAR）模型的面板版本已广泛应用于货币政策和投资行为、发展援助的供给和安全经济学等领域。直到最近，PVAR 模型才被引入交通分析，特别是在交通投资以及经济和行为结果方面[146]。PVAR 模型由同时估计的方程组组成。该系统中的每个变量都由其自身的滞后和其他变量的滞后值来解释。一般形式由下式给出：

$$Y_{\eta,t} = A_0 a_{\eta,t} + A_1 Y_{\eta,t-1} + \cdots + A_p Y_{\eta,t-d} + BX_{\eta,t} + u_{\eta,t} + e_{\eta,t}$$

$$\eta = 1, ..., \Theta \quad t = 1, ..., T \quad d = 1, ..., D \quad (1)$$

式中，$Y_{\eta,t}$ 为城市 η 在时间段 t 的面板数据；$X_{\eta,t}$ 为外源协变量；$U_{m,t}$ 和 $e_{m,t}$ 分别为固定效应误差和随机误差；$A_0, A_1, \cdots A_p$ 和 B 均为要估计的参数；d 为滞后数；$a_{\eta,t}$ 为确定性项的矩阵（线性趋势，虚拟值或常量）。

具体来说，笔者估计了一个方程组，构建了拥堵 C（congestion）、人口 R（residents）、就业 E（employment）和城市土地供应 S（supply of urban land）之间的多边关系。所有变量均使用恒定地理位置，即 2010 年大都市统计区（metropolitan statistical area，MSA）边界，随时间进行对数转换和识别。由于地理边界是恒定的，人口和就业的变化本质上反映了其密度的变化。

$$C_{\eta,t} = \alpha_{C0} + a_{C1}C_{\eta,t-1} + a_{C2}R_{\eta,t-1} + a_{C3}E_{\eta,t-1} + a_{C4}S_{\eta,t-1} + u_{C\eta,t} + e_{C\eta,t} \quad (2)$$

$$R_{\eta,t} = \alpha_{R0} + a_{R1}C_{\eta,t-1} + a_{R2}R_{\eta,t-1} + a_{R3}E_{\eta,t-1} + a_{R4}S_{\eta,t-1} + u_{R\eta,t} + e_{R\eta,t} \quad (3)$$

$$E_{\eta,t} = \alpha_{E0} + a_{E1}C_{\eta,t-1} + a_{E2}R_{\eta,t-1} + a_{E3}E_{\eta,t-1} + a_{E4}S_{\eta,t-1} + u_{E\eta,t} + e_{E\eta,t} \quad (4)$$

$$S_{\eta,t} = \alpha_{S0} + a_{S1}C_{\eta,t-1} + a_{S2}R_{\eta,t-1} + a_{S3}E_{\eta,t-1} + a_{S4}S_{\eta,t-1} + u_{S\eta,t} + e_{S\eta,t} \quad （5）$$

式中，$E_{\eta,t-1}$，$R_{\eta,t-1}$，$C_{\eta,t-1}$ 为集聚力和分散力（即就业、人口和拥堵）的滞后值，捕捉其变化对城市范围的直接影响；$S_{\eta,t-1}$ 为城市范围的滞后值，以控制城市的正常动态、生长。理论上，就业、人口和拥堵这三个基本因素可以在很大程度上反映社会经济变化。

PVAR 估计需要固定变量。笔者使用一阶差分来控制 MSA 级别的不变因素。笔者认为空间变化、人口和就业的迁移以及拥堵不会对任何同期冲击做出反应，而只会对滞后变量做出反应。这是因为人口迁移和房地产市场需要时间来吸收和调整冲击。为了解释建设时间的影响，笔者使用所有变量的第一到第五滞后项作为工具，因为房地产市场需要大约五年的时间来适应区域冲击[147]，然后使用广义矩法（generalized moment method，GMM）框架估算式（2）~式（5）。接下来，笔者计算了脉冲响应函数（impulse response functions，IRFs），以评估系统中一个变量对另一变量变化的反应，同时确保其他所有变量不变。

对于识别限制，本章采用了以下因果关系的递归排序：拥堵 C、人口 R、就业 E 和城市扩张 S。识别假设是变量在系统中出现得越早，它们的外生性就越大。这是隔离系统中冲击的常用惯例，称为 Choleski 分解。此外，本章还估计了预测误差方差分解，以评估一个变量的变化在多大程度上是由另一变量随时间累积的冲击来解释的。

PVAR 分析的一个潜在缺点是它假设整个估计期间因果机制不会随着时间改变。在这项研究中，因果结构建立在理论之上，其估算的结果应该在理论框架下进行解释。以下两个方面在一定程度上避免了 PVAR 的缺点对本研究的影响。一方面，笔者的数据只能追溯到20世纪90年代。另一方面，美国城市持续以汽车为导向的发展，意味着城市增长因果机制并未发生实质性变化。

4.3.2 反事实分析

在了解空间动态基本机制的基础上，笔者试图推断出如果引入自动驾驶汽车，城市扩张的反事实分布。笔者使用切尔诺茹科夫（Chernozhukov）等经济学家开发的反事实分布方法来回答这个问题[148]。这种方法通过转换观察到的协变量来生成反事实协变量。然后它将根据观察到的协变量估计的条件分布与反事实协变量相结合，以获得集聚力和分散力的变化对城市扩张边际分布的影响。鉴于自动驾驶汽车的引入降低了拥堵成本，因此它可以预测反事实的边际分布，例如过去十年的城市扩张分布。城市扩张可以用以下函数来描述：

$$F_{Y_\eta|X_\eta}(y|x) \tag{6}$$

式中，y 为以代表分散力和集聚力的变量 x 为条件的城市扩张；η 为观察到的结果变量 Y_η 和观察到的自变量 X_η。然后通过改变观测到的自变量 x_η 分布可以得到反事实分布 x_γ：

$$x_\gamma = g_\gamma(x_\eta) \quad \text{where} \quad g_\gamma : x_\eta \to x_\gamma \tag{7}$$

式中，g_γ 表示将观察到的自变量分布 x_γ 替换为反事实的自变量分布。然后，改变观察到的自变量分布的反事实效应 (counterfactual effect, CE) 计算为 $F_{Y_\eta|X_\eta}(y|x) - F_{Y_\gamma|X_\gamma}(y|x)$。根据 PVAR 结果，城市扩张 S 的观察值被估计为过去拥堵 C、车辆行驶里程 V、就业 E 和人口 R 的结果。还包括汽油价格 G 以控制横截面变化，因为数据不是面板结构。该函数可以写为：

$$S_\eta = \beta_p R_{\eta, t-1} + \beta_e E_{\eta, t-1} + \beta_c C_{\eta, t-1} + \beta_v V_{\eta, t-1} + \beta_g G_{\eta, t-1} \tag{8}$$

式中，S_η 为城市 η 的空间范围，$R_{\eta,t-1}$、$E_{\eta,t-1}$、$C_{\eta,t-1}$、$V_{\eta,t-1}$、$G_{\eta,t-1}$ 分别为其人口、就业、拥堵、车辆行驶里程、汽油价格的滞后项。主要感兴趣的反事实是如果拥堵成本受到自动驾驶汽车的影响而形成的新分布。CE 可以有因果解释，因为自变量分布的变化是由于技术创新（即自动驾驶汽车）而外生的，假设自动驾驶汽车不会影响城市扩张的基本机制。CE 可

以在每个分位数 τ 计算为：

$$\Delta(\tau) = U_m(\tau) - U_k(\tau) \qquad (9)$$

式中，不同分位数城市的反事实效应$\Delta(\tau)$，由观察到的城市空间范围减去由自动驾驶汽车可能引起的反事实城市空间范围而得出。

4.4　数据和汇总统计

4.4.1　测量城市空间变化

笔者基于夜间灯光数据（nighttime light satellite image）和国家土地覆盖数据库（national land cover database）数据，通过谷歌地球引擎（Google earth engine）导出城市空间结构。随着夜间灯光数据的丰富，越来越多的经济学家使用这些数据来衡量城市增长和扩散[149]。由于这些数据是多年来由不同卫星收集的，笔者使用了数据相互校准版本，可以进行纵向比较[150]。这些夜间灯光图像均由 30 个弧形单元组成，每个单元的值测量平均光强度，范围为 0~62，其中 63 用作顶部代码。笔者测量了 1992—2012 年每个大都市地区边界内的城市化面积（光强度 >31）。计算是在谷歌地球引擎上进行的。

使用国家土地覆盖数据库数据来衡量城市空间更为直接。数据分为不同类别，包括四个土地开发级别：开放空间、低强度、中强度和高强度。笔者通过将 2001 年、2006 年、2011 年和 2016 年每个大都市地区边界内的四个开发水平相加来计算已开发土地总量。

4.4.2　数据

主要数据通过谷歌地球引擎这个基于云计算的地理空间分析平台，计算出来两个卫星影像产品。第一个卫星影像产品是 DMSP-OLS 夜间灯光时间序列，它记录了地球上夜间的光强情况，时间跨度为 1992—2013 年。夜间灯光数据是 30″ 的格网，这可能不足以让研究人员在社区级别进行研究，只能在城市级别以上进行研究。为了利用长达数十年的夜间灯光数据，笔者将其用于 1992—2013 年的城市空间动态分析。第二个卫星图像产品是国家土地数据库，它是基于 Landsat 卫星图像，并提供了 2001 年、2004 年、2006 年、2008 年、2011 年、2013 年和 2016 年的可比较数据。国家土地数据库数据的分辨率为 30m，比夜间灯光更准确地衡量了城市扩张情况。凭借国家土地数据库数据的范围和准确性，笔者将其用于 2001—2016 年的城市空间变化的分解分析，并构建在 2000 年初引入自动驾驶车辆的反事实假设。

笔者利用得克萨斯州农工交通研究所制作的《2019 年出行记分卡报告》[151]，获取了 1990—2016 年各城市地区的拥堵成本和人口情况。该报告包含了一些经常被引用的交通拥堵指标，适用于 1982—2017 年 100 个选定的美国城市化地区以及 2014—2017 年所有城市化地区，被研究人员广泛用于交通和城市研究。笔者还使用了来自美国劳工统计局、国家历史地理信息系统（national historical geographic information system）的数据来描述每个城市的自然设施和社会经济特征，并用来测试模型的稳健性。

本章节的分析单位是美国的大都市统计区（MSA）。美国人口普查局将城市区定义为由一个或多个与邻近社区社会经济高度融合的城市中心组成。MSA 是城市扩张理论模型的统计模拟。城市扩张是核心城区集聚力与分散力相互作用的结果，主要发生在腹地。腹地是指城市都市区中不属于核心城区的剩余部分。笔者通过将城市化区域（urbanized area，UA）与大都市统计区联系起来，构建了大都市统计区（即包括核心区和腹地）中的城市核心（集聚力和分散力相互作用的地方）信息。笔者的数据管理中使用了 2010 年 MSA 边界。笔者选择人均延误时间作为拥堵成本的衡量标准，选择人口密度作为集聚力的衡量标准。由于空间边界保持一致，人口规模的变化实际上衡量的是人口密度的变化。

4.5　城市的空间动态

表 4.1 展示了 PVAR 模型的简化结果，包括照明面积、拥堵、就业和人口。为了得到弹性系数，所有变量都进行了对数（log）转换。总体而言，这一结果理论上符合预期的集聚力（人口和就业）与分散力（土地供应和拥堵）之间相互依存关系。较高的就业率预示着较小的照明面积，而由于就业／人口与土地供应之间的紧张关系而导致的拥堵则预示着城市的扩张。L. 照明面积（L. 表示滞后项）的负系数表明，前期光照面积较大的大都市区的边际增长往往较小。就业与人口是共同发展、相互吸引的。

变量	① 照明面积	② 拥堵	③ 人口	④ 就业
L. 照明面积	−0.147***	−0.017*	−0.004	−0.100***
	（0.040）	（0.009）	（0.003）	（0.015）
L. 拥堵	0.530***	0.624***	0.053***	0.206***
	（0.074）	（0.034）	（0.009）	（0.039）
L. 人口	0.118	0.325***	0.856***	0.707***
	（0.147）	（0.048）	（0.023）	（0.090）
L. 就业	−0.138**	0.041***	0.007*	0.272***
	（0.069）	（0.013）	（0.004）	（0.046）
观测量	1900	1900	1900	1900

城市范围、拥堵、人口和就业的 PVAR 估计模型　　　表 4.1

注：括号内为标准误。*** 表示 $p<0.01$；** 表示 $p<0.05$；* 表示 $p<0.1$（p 为统计结果参数）。

正如笔者在方法论部分中所指出的，图 4.2 中显示的 IRFs 允许对 PVAR 模型的简化形式结果进行结构解释。IRFs 说明了对数中的一个标准

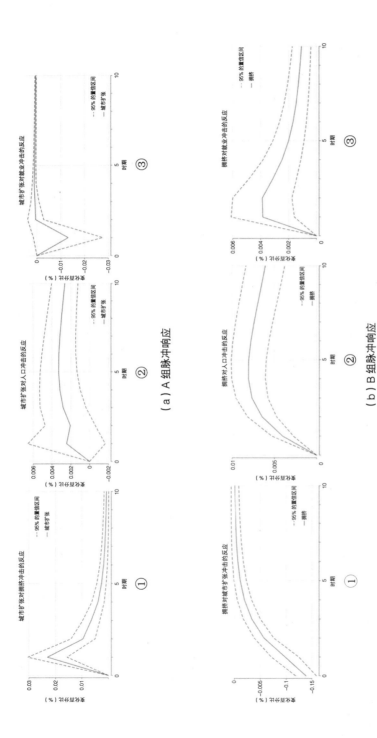

图 4.2 脉冲响应（一）
注：IRF 说明了对数中的一个标准差冲击对对数中的响应变量的影响。

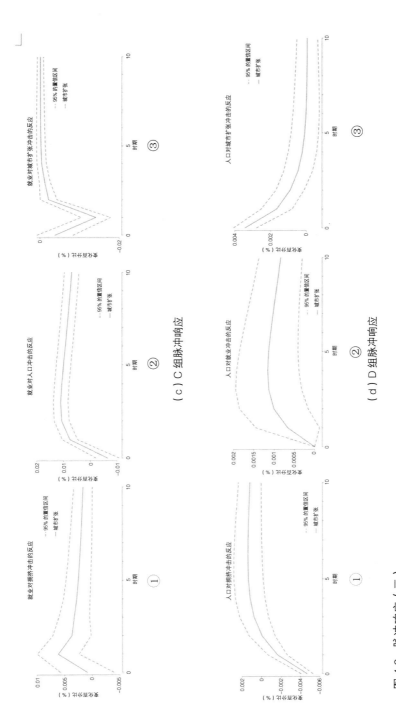

图 4.2　脉冲响应（二）

注：IRF 说明了对数中的一个标准差冲击对对数中的响应变量的影响。

差冲击对对数中的响应变量的影响。与上述 PVAR 估计相比，IRFs 可以更深入地了解某个变量对另一个变量的冲击（一个标准差增加）的动态影响。转化为研究问题就变成：城市中心区的拥堵、人口和就业的突然增加对城市扩张有何影响？

城市扩张对拥堵冲击的反应（A 组①）在前几个时期是正向显著的，但最终在第五个时期后逐渐减弱，几乎没有影响。随着城市面积的扩大（B 组①），拥堵在前五个时期有所减少，但在第五个时期之后几乎恢复到没有影响。预计扩大的基础设施和土地供应将导致拥堵并恢复平衡。与此同时，人口在前几个时期对拥堵冲击做出负向反应（D 组①），但最终在第五个时期后逐渐减弱，几乎没有影响，而就业率则对拥堵冲击做出正向的反应（C 组①）并在初始尖峰后保持小幅正值。结果与文献 152 一致，拥堵是经济活力的标志，会增加商业用地的竞争，从而将人口转移到外围地区。

城市扩张对人口冲击的反应（A 组②）是正向的，但并不显著，因为置信区间包含零。第三阶段出现显著转变，表明区域人口增长伴随着城市核心人口的增长。相反，城市扩张对就业冲击的反应（A 组③）为负且中等显著。与 A 组中的观察结果相呼应，一方面，城市扩张冲击（D 组③）对城市核心地区人口的正向影响逐渐减弱，最终变得没有影响。另一方面，城市扩张冲击（C 组③）在第一阶段对中心地区的就业产生强烈的负向影响，而在第三阶段之后影响仍然很小，而且是负向的。综上所述，笔者得出的结论是，在研究期间，就业在影响城市空间结构方面比人口发挥着更强的作用。

4.6　自动驾驶汽车引入城市的反事实分析

在本节中，笔者将研究如果自动驾驶汽车在 21 世纪初引入，可能会如何影响城市的空间变化。回想一下，交通技术和基础设施会影响非拥堵距离的通勤成本（即距离成本），也会影响拥堵程度造成的成本。

在抽象维度上，拥堵成本和距离成本的变化可以代表自动驾驶汽车的引入，类似于布林克曼研究中交通参数的作用[135]。毫无疑问，由于出行方式选择、采用率、车辆行驶里程、停车空间、市场份额和所有权等因素的差异，自动驾驶汽车可能会以不同的方式影响城市结构。然而，从空间经济学的角度来看，这些因素最终会影响交通系统效率的参数，即拥堵成本和距离成本。如第 4.2 节所述，这两种交通成本对城市空间结构有相反的影响（图 4.3）。根据本书第 2 章和第 3 章的内容，我们可以预期自动驾驶汽车通过提供车内活动和减少驾驶需求来降低出行成本。一方面，在情景 1 中，这些出行成本的降低可能自然地允许更长的出行，从而可能鼓励城市扩张。另一方面，在情景 2 中，拥堵是城市生活的一个重要特征，由于使用自动驾驶汽车，拥堵可能会减轻。因此，城市中心区域可能会有更高的人口密度。在现实中，这两种变化是相互关联的。人们是否选择搬到更远的地方或选择居住在更密集的区域，很大程度上取决于个人偏好和周围的社会技术系统。这种不确定性使得人们难以在不同的自动驾驶汽车部署情景下预测自动驾驶汽车对城市结构的影响。而且，未来是动态的，现有的关于自动驾驶车辆对土地利用影响的模拟研究可能受到卢卡斯批评，

图 4.3　三种假设的自动驾驶汽车影响情景

因为仅基于过去的估计参数来预测未来变化是天真的。因此，本书反事实分析有一个优势，即专注于检查在历史背景下哪种相反的影响可能占主导地位。

在本书的研究中，假设交通参数不受自动驾驶汽车的影响。也就是说，自动驾驶汽车不会改变个人和经济体对运输成本的反应方式，但可以改变成本水平。在保持其他变量不变的情况下，笔者通过调整拥堵成本和距离成本来研究自动驾驶汽车在不同情景下对城市空间结构的影响。所研究的三种情景描述如下。

情景 1：自动驾驶车辆使每英里距离成本降低，从而引发更多车辆行驶里程，设定为比观察值多 50%；就业、人口和交通拥堵保持不变。

情景 2：自动驾驶汽车使中心区域的拥堵变得更容易忍受，从而达到更高的均衡拥堵水平；就业、人口和车辆行驶里程保持不变；反事实拥堵水平设置为比观察值高 50%。

情景 3：自动驾驶汽车使拥堵变得更容易忍受并引发更多的车辆行驶里程；就业和人口保持不变；车辆行驶里程和拥堵程度以相同的速度从 10% 增加到 100%（即英里每小时成本降低）。

在这三种情景中，就业和人口始终保持不变。因此，集聚力与分散力之间的权衡通过拥堵成本（延误时间）、距离成本（车辆行驶里程）和发达城市地区（建成用地）的相互作用来体现。

图 4.4 展示了每个情景的反事实变化的分布。横轴表示都市区空间规模分布；纵轴表示反事实变化（反事实城市扩张与观察到的城市扩张之间的差异）。情景 1 和情景 2 的结果相当直观，符合理论上的预期。对于不同规模的城市，效果也似乎是单调的。一方面，在情景 1 中，每英里距离成本的降低导致车辆行驶里程增加。这代表了中部地区集聚和生产力保持不变且具有竞争力的情况。在这种情况下，人们仍然愿意前往中心地区以获得更高的生产力，但也能够住得更远以获得更低的地价，从而导致城市

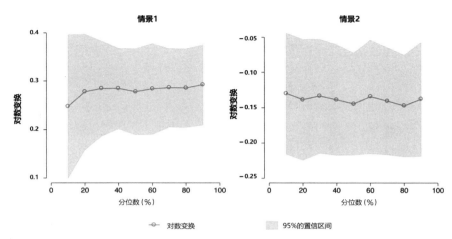

图 4.4　运输成本降低的空间效应（情景 1：减少距离成本，情景 2：减少拥堵成本）

扩张。这是因为在过去两个世纪中，交通成本下降导致了人口郊区化和就业分散化。另一方面，在情景 2 中，每小时拥堵成本的降低允许更高程度的拥堵，而不会损失经济生产力。因此，每个就业单位或人口对土地资源的需求较少，从而减少了城市的可开发土地面积。也就是说，城市的每一个交通基础设施都可以支持更高的密度。

在现实世界中，情景 1 中的离心效应和情景 2 中的向心效应很可能会同时发生。两种情景的相对范围将决定自动驾驶汽车对空间结构的净影响。为了解这两种影响如何改变城市结构，情景 3 测试了减少距离和拥堵成本的效果。图 4.5 中的结果显示净效应为正，约为 0.15%。正向的净效应表明，如果在过去二十年将自动驾驶汽车引入城市，催生的城市扩张将是主导效应。

在图 4.6 的面板 A 中，笔者展示了情景 3 中给定的距离成本和拥堵成本增量变化的净效应。在交通成本类型降低的每个水平上，两种力量的净效应都是正向且显著的，除了第 10 和第 20 分位数的城市不显著。

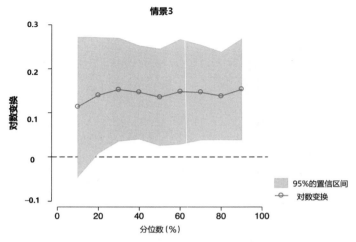

图 4.5　距离成本和拥堵成本同时减少的空间效应

预计较小的城市对交通成本变化的反应较小，因为这些地区的拥堵情况不太普遍。随着减少量变大，这种净效应也会增加。总体而言，这些结果表明，如果在过去二十年中将自动驾驶汽车引入城市，城市扩张将是主要影响。

　　在图 4.6 的面板 B 中，笔者通过使用夜间灯光数据证实了正向的净效应，尽管幅度更大。笔者预计使用夜间灯光数据和土地覆盖数据之间的净效应不会非常相似，因为一个数据衡量经济活动的空间分布，另一个衡量城市的物理结构。夜间灯光数据可以用来检查土地覆盖数据的结果。使用夜间灯光数据的反事实效应证实了自动驾驶汽车对城市扩张的增量影响。使用夜间灯光数据和土地覆盖数据之间的不一致在于下分位数。在较小的城市中，夜间灯光比土地覆盖变化更敏感，这可能是因为较小的城市用于建设新开发项目的资本较少，或者只是夜间灯光数据的准确性较低。笔者关注使用土地覆盖数据的结果，因为这是最可靠的卫星数据产品。

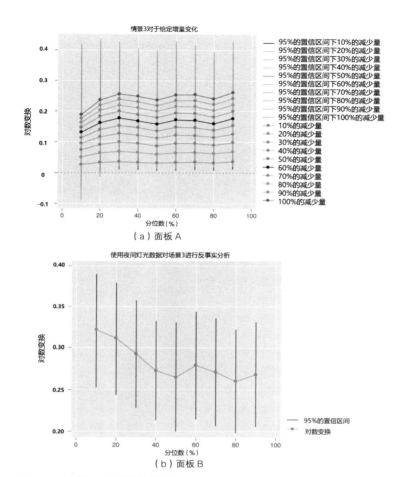

图 4.6　情景 3 的敏感性测试
注：（a）对于给定增量变化，距离成本和拥堵成本减少的反事实效应；
　　（b）使用夜间灯光数据对情景 3 进行反事实分析。

4.7　自动驾驶汽车空间效应与应对措施

　　自动驾驶汽车已成为过去十年中最受期待的技术发展之一，它可能
会重塑城市的结构。在本章中，笔者介绍了过去三十年来城市空间结构的
动态变化，这是集聚力与分散力之间的张力所造成的。研究结果还表明，

如果将自动驾驶汽车引入城市，它们很可能会引发更大的城市扩张（约
0.15%）。

0.15% 对城市扩张的净效应意味着什么？自 1973 年以来，美国的城
市扩张率约为 0.33%[153]。这种扩张率的累积影响是显著的，由此产生的城
市扩张大致相当于加利福尼亚州和俄勒冈州的土地总面积[154]。0.15% 的净
效应表明自动驾驶汽车的引入可以使扩张速度加快 50%。因此，0.15% 的
净效应在环境上意义重大，因为城市地区只占用 5% 的土地，但却产生了
80% 的人为温室气体排放[155]。

值得注意的是，本书仅考虑交通技术的变化，没有考虑政策、经济和
社会规范的结构性变化，但这些因素可能会极大地影响未来自动驾驶汽车
净效应的预测。例如，年轻一代未来可能更适应城市生活、共享汽车以及
乘坐公共交通，这将放大减少拥堵成本的离心效应。另外，交通成本的变
化对车辆行驶里程的影响可能与拥堵不同，这里不做区分。最有可能的是，
人们对拥堵成本的变化比对距离成本的变化更敏感。因为拥堵成本与许多
感知条件相关，例如控制感和行程的可预测性[156]，这将在很大程度上决定
人们的通勤行为和居住地点选择。

通过构建过去的反事实情景，笔者能够描述随着社会、经济和政治结
构的更广泛背景的确定，交通技术变化的影响。笔者的数据（2001—2016 年）
反映了自 20 世纪 50 年代以来首次人口流回中心城市的趋势不断增长的时
期[157]。也许最令人担忧的是，在情景 3 的这一时期内，几乎所有级别的交
通成本变化都出现了显著的城市扩张。这一发现应该警告我们，如果我们
对这项新技术采取自由放任的态度，自动驾驶汽车很可能会导致更大的城
市扩张。在这方面，我们可能很难知道如何在充满巨大不确定性的情况下
采取行动[158]，因为我们不知道个人偏好和价值观、法规和经济将如何变化。
但回顾历史趋势的好处是，我们确实知道城市发展仍然有利于汽车出行和
郊区化，这是个人偏好以及更广泛的社会经济背景产生的结果。

　　过去两个世纪以来，交通技术的发展对城市的空间发展发挥了重要作用。它重塑人们的地点选择和流动、经济活动和信息，并受其影响。本章通过研究过去城市发展的空间动态和反事实情景，为自动驾驶汽车是否会导致城市扩张或提高城市紧凑发展能力的争论做出贡献。未来的情景研究可以在此基础上进行，并预测结构变化的潜在后果，以提供政策工具来指导自动驾驶汽车的发展。

第5章　国内外自动驾驶汽车实施案例

　　长期以来，广义的规划实施包括所有试图将愿景和想象转化为现实的努力。本书已经介绍了关于自动驾驶汽车的愿景、期望、担忧，而全球范围内已经有不少城市将自动驾驶汽车由愿景变为了现实。当然，这些现实大多以示范点或示范区的形式存在，并没有真正意义上实现自动驾驶汽车的大规模运营。这些示范区被学者认为是一系列的城市实验，意在改变城市的政治、认知、本体以及物质的社会技术实践[159]，背后交织着社会和政治过程，所产生的结果具备偶然性并取决于具体背景，尤其是参与实验的行动者以及实验本身的意图与逻辑[160]。在本章中，我们将分析两个提供自动驾驶汽车服务的案例：一个是美国得克萨斯州的小城镇诺兰维尔，另一个是中国的超大城市北京。

5.1　面向小城镇的自动驾驶服务：ENDEAVRide 项目

　　截至 2021 年，美国有 18,696 个人口不到 5 万的小镇，其中共居住着约 8000 万人，包括 1060 万的老年人与 390 万的残疾人。这些小镇通常人口密度低，无障碍设施有限，公共交通服务不足，日常服务的可达性有限。这对居民实现基本出行需求和获得医疗服务构成了重大挑战，尤其是对驾驶能力受限的老年人和残疾人。自动驾驶汽车有潜力提供一种便捷且安全的交通方式，无须人类驾驶员，因此它们成为这些小城镇有前景的交通解决方案。但是，与大多数先进的技术一样，目前的自动驾驶研究与应用主要在人口稠密的城市环境中进行，忽视了来自小城镇的需求与潜力。技术发展应当服务于社会需求，在科技、创新和经济发展水平较低的小城镇，如何为社会弱势群体提供可负担、可持续且创新性的自动驾驶公共交通，是一个值得关注的重要问题。ENDEAVRide 自动驾驶试点项目为此提供了新思路，该项目通过教学机制与智慧城市建设机制的创新，在美国中部的小镇诺兰维尔开展自动驾驶公共交通服务试点，并为数千名弱势群体提供负担得起的交通和医疗服务，对其可达性产生了积极影响。该项目重新定义了自动驾驶开发模式，使自动驾驶技术适用于美国小城镇和农村社区，并通过提供非营利自动驾驶服务为居民赋能、促进智慧城镇可持续建设。

5.1.1　自动驾驶技术成为小城镇出行的新解

独立出行是参与日常生活活动的基础，而驾驶汽车是美国大多数人主要的交通方式。然而，老年人和残疾人都面临着类似的驾驶能力障碍，即难以拥有私人车辆或者有出行限制的残疾，他们只能使用有限的公共交通或者根本无法使用公共交通（有限的公共交通服务难以满足小城镇庞大的出行需求）。许多老年人和残疾人在工作、就医和日常生活的交通出行选择上面临困扰，这加剧了他们在经济、医疗和社会上的脆弱性。因此，迫切需要开发一种可以帮助老年人、残疾人等出行弱势群体保持或提高他们的机动性和独立性的公共交通系统。

自动驾驶有望成为驾驶能力受限的群体，如老年人和残疾人的首选出行方式，同时还降低了具有特殊需求的个体和市政当局的交通成本。但是，在自动驾驶技术的实践领域，小城镇也通常被公共部门的投资和市场化的企业所忽视。科技发展应当服务于社会需求，自动驾驶技术作为交通领域的前沿科技，也应该充分考虑并关注小城镇的出行需求。

5.1.2　美国首个非营利性自动驾驶公共交通服务

　　2020 年 11 月，ENDEAVRide 团队在得克萨斯州诺兰维尔市推出了
ENDEAVRide 自动驾驶试点项目，这为小城镇发展可持续性自动驾驶公共
交通服务提供了新思路：拥抱自动驾驶领域。畅想新传统发展（envisioning
the neo-traditional development by embracing the autonomous vehicles realm,
ENDEAVR）于 2018 年由得克萨斯农工大学（Texas A&M University）和
凯克基金会（W.M. Keck Foundation）赞助启动。该项目以跨学科智慧城市
教育为基础，旨在激发年轻人追求创造性、经济实惠且切实可行的解决方
案，以解决服务不足的社区和贫困人口面临的挑战。在组织成员方面，项
目由教师、管理团队、行业专业人士和社区领袖共同设计和指导，为学生
提供了解决实际问题和开发智能解决方案的机会（图 5.1）。该项目吸引了
来自不同学科背景的教师和学生，包括计算机科学、土木工程、电子工程、
景观建筑、城市规划和可视化等领域。

　　在长期互利的社区—大学关系的基础上，得克萨斯州诺兰维尔市成为
ENDEAVRide 团队的重要组成部分。诺兰维尔是美国得克萨斯州中部的一
个小镇，居民 5330 人，与其他小镇一样，被形容为公共交通的"沙漠"，
全镇只有一个支线公交车站，几乎没有其他辅助公交服务。ENDEAVRide
团队根据诺兰维尔的实际需求，推出了创新性的 ENDEAVRide 试点项目。
这是美国首个自动驾驶微型交通服务，由地方资助、志愿者和私人捐赠支持，

图 5.1　ENDEAVRide 团队成员合影
图片来源：ENDEAVRide 项目官网

通过自动驾驶面包车提供新型的"交通 + 远程医疗二合一"微型公共交通服务，当地居民可以通过 ENDEAVRide 团队所开发的软件、短信、电话呼叫等方式预约用车。几年来，ENDEAVRide 试点项目为老年人和残疾人等数千名弱势群体提供了负担得起的交通和医疗服务，积极地改善了他们的可达性（图 5.2）。这表明了自动驾驶汽车等新兴技术，能够为小城镇提供可负担得起的出行方案。

图 5.2 ENDEAVRide 试点项目自动驾驶汽车情况
图片来源：ENDEAVRide 团队成员拍摄

5.1.3　项目成功运行的奥秘

　　ENDEAVRide 项目之所以成功运行，主要得益于两方面的创新。首先，教学机制方面的创新为项目提供了关键的人力资源支持。其次，智慧城市建设机制方面的创新，即多元主体协同提供公共服务，也是 ENDEAVRide 项目成功运行的关键。因此，这两方面的创新协同发力，为 ENDEAVRide 项目的成功运行提供了坚实基础（图 5.3）。

（1）教学机制创新

　　从教学机制创新的角度看，跨学科性、基于项目和服务的学习是支持ENDEAVRide 项目发展的三个理论支柱。首先，跨学科方法强调学生们在探索自身的知识领域与其他相关领域之间的联系，练习元认知。这有助于学生在解决复杂、真实世界问题时，汲取多学科的观点，整合各种认识论见解和思维方式，以提高他们对问题的理解，并应用这种综合理解来提出解决方案[161]。ENDEAVRide 项目的研究团队展现了跨学科性，团队包括"技

图 5.3　诺兰维尔居民与自动驾驶汽车的合影
图片来源：ENDEAVRide 团队成员拍摄

术""人"和"环境"方面的专家。他们超越传统的学科界限进行合作，重点推进自动化和机器人的研究、设计和教育，以提高全美小镇和农村社区的流动性、健康和生活质量。在课程设计上，该项目团队协同研究活动与学生的课程项目，涵盖城市规划、机械/电气/土木工程、工程技术、景观建筑、计算机科学、可视化、公共卫生、教育和商业等专业，由学生组成跨学科团队，并通过 ENDEAVRide 来完成课程项目，培养了学生的跨学科合作能力。

基于项目的学习是以学生为中心的，允许学生将他们的知识和技能应用到实际情境中，强调项目为学生提供培养合作、批判性思维和创造性问题解决能力的平台。ENDEAVRide 项目由高校教师和管理团队、行业专业人士和社区领袖共同设计与共同指导，为学生们提供了一个科研、实践、团队合作的综合平台。高校教师可以为学生们提供跨学科的课程指导，主要包括跨学科研讨会课程（interdisciplinary seminar course，ISC）与跨学科基于综合项目的课程（interdisciplinary project-based learning capstone course，IPBLC），ISC 旨在增强学生对项目中其他学科的理解，培养团队合作技能，并培养跨学科协作和学习的文化。IPBLC 是一种基于项目的"即插即用"风格的教育方法，旨在让学生开展跨学科智能城市项目，以解决现实世界的问题，这能有效提升学生们的知识水平，培养其合作能力。行业专业人士可以培养学生们的技能应用能力。社区领导充当 ENDEAV Ride 学生团队的顾问，定期与学生们分享城市的挑战和见解，包括交通、治理、人口老龄化、经济增长、可持续发展和社会包容（图 5.4）。

服务学习（service learning）是一种将基于社区的工作与课堂教学和反思相结合的教学方法[163, 164]，促使学生在学习过程中提供积极、真实的响应，从而潜在地促进共情和社会责任的发展。ENDEAVRide 项目作为美国第一个非营利性自动驾驶汽车服务提供商，聚焦于诺兰维尔市中弱势群体的出行障碍，并尝试使用可负担的自动驾驶汽车为地区提供可持续性的公共交

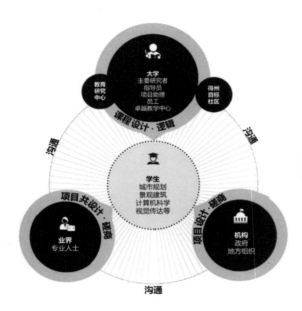

图 5.4　项目参与主体示意图
图片来源：参考资料 162

通服务。可见，ENDEAVRide 项目紧密地回应了现实关切，重新定义了自动驾驶汽车开发模式，使自动驾驶技术适用于美国农村/小城镇，并通过提供非营利自动驾驶汽车服务为居民赋能。此外，ENDEAVRide 项目也致力于为居民提供更多出行选择，不仅适用于驾驶能力降低的美国老年人，也适用于 2550 万出行受限的残疾人和 2060 万无车家庭的美国人。这一工作有望提供一种新的移动解决方案，为各类人群提供灵活而可靠的出行服务。

（2）智慧城市建设机制创新

　　从智慧城市建设机制的创新角度来看，多元主体协同提供公共服务保障了 ENDEAVRide 项目的顺利运行，这充分体现了合作生产的理念。作为一种新型治理工具，合作生产在助推多元主体参与、整合社会资源、推动公共服务创新等方面表现出巨大潜力而备受学界关注。在后新公共管理时期，公共服务生产的投入与产出之间的线性关系逐步被打破，呈现出多元主体"合作生产"的趋势。通过合作生产，合作网络将在公共服务生产的各个环节得以构建，政府、社会、企业以及公民的资源与力量也将得到有效利用。在这一过程中，资源互补、公众参与等机制直接或间接影响着合作生产的效能。ENDEAVRide 项目的成功实施充分体现了这种合作生产模式的优越性，通过协同作用促进了社区公共服务的创新和提升效能。

首先，资源互补机制强调多元主体相互依赖，交换、共享关键资源，并整合利用优质资源。ENDEAVRide 项目形成了一个多元主体协同的合作共同体，包括高校教师、管理团队、行业专业人士、社区领袖、高校学生和社区居民。这些多元主体整合利用资金、物质、人力等优质资源，协同为出行弱势群体提供自动驾驶服务。在资金方面，得克萨斯农工大学和凯克基金会为 ENDEAVRide 项目提供了主要的经济支持，同时，地方政府、志愿者以及居民也积极参与捐赠，拓宽了项目的资金来源渠道。这种多元化资金渠道增强了项目的财务稳定性，也为其提供了更大的资金灵活性。在物质资源方面，ENDEAVRide 项目充分利用了得克萨斯农工大学的科研设施和教学场所，并通过举办 ENDEAVRide 峰会吸引行业专业人士加入其中，为项目提供设备与技术支持。在人力资源方面，高校教师作为项目中的关键力量，不仅组织了多方面的交流活动，还通过培训学生志愿者提高了整体团队的执行力。教师、企业、政府、学生与居民等多元主体的紧密协作使得项目在人力资源的组织和调配上更加高效且具备灵活性。这种人力资源的异质性互补为项目提供了强大的动力和支持。综合而言，ENDEAVRide 项目在提供自动驾驶公共服务时，通过资源互补机制巧妙整合了各方面的资源，确保了项目的全面顺利运行。

在合作生产中，公众参与被视为发挥效能的重要路径，合作生产将公众的角色从政府的"顾客"拓展为公共服务的"共同提供者"和服务质量好坏的"共同负责者"。ENDEAVRide 项目通过多元的方式激发社区居民积极主动参与智慧城市建设，实现了共同提供服务的新范例，方式包括注重服务对象参与设计、吸纳居民志愿者、定期讨论交流。具体而言，首先，项目特别注重服务对象参与设计，赋予老年人和残疾人参与项目设计和反馈的机会，以确保服务真正符合他们的需求。其次，项目在为诺兰维尔的老年人和出行受限的残疾人提供自动驾驶服务的同时，也面向当地居民招募志愿者，这得到了许多居民的响应，激发了居民群体们的受助、自助、互助的意识，将弱势群体从公共交通服务的"被动接受者"转变为"主动参与者"。最后，通过定期分享城市挑战和见解，项目与居民建立了有效的沟通渠道，加强了对项目的理解和支持（图 5.5）。ENDEAVRide 项目通过这些积极的公众参与方式，不仅成功推动了项目的实施，更创造了一个融洽互动的社区，体现了公共服务的协同精神。

图 5.5　高校教师与诺兰维尔居民的论坛

图片来源：ENDEAVRide 团队成员拍摄

5.1.4　案例小结

ENDEAVRide 试点项目是美国首个自动驾驶微型交通服务，为老年人和残疾人等数千名弱势群体提供负担得起的交通和医疗服务，对其可达性产生了积极影响。ENDEAVRide 项目在智慧城市、社区、规划等领域获得了多项奖项，包括 2021 年全球 50 名智慧城市项目（2021 Smart 50 awards）、2021 年凯洛格基金会（W.K. Kellogg Foundation）、社区参与奖（Kellogg Award）和 2022 年美国规划协会得克萨斯州实施奖（American planning association TX implementation award）（图 5.6）。

图 5.6　ENDEAVRide 项目与凯洛格基金会的合影
图片来源：ENDEAVRide 团队成员提供

5.2　驶入"寻常百姓家"：北京自动驾驶高级示范区

2015 年被视作中国的"自动驾驶元年"，国务院印发《中国制造 2025》，将发展智能网联汽车正式上升至国家战略高度，自动驾驶被列为汽车产业未来转型升级的重要方向之一。从封闭场地测试到道路测试，从试点示范到商业试运营，我国自动驾驶相关产业和市场规模目前呈快速增长态势。而北京市依托开放的政策、良好的营商环境以及优越的人才环境，自动驾驶技术在多情景落地发芽，向着"惠及于民，变革生活"的目标不断迈进。

5.2.1　北京市高级别自动驾驶示范区

2020 年 9 月，北京市正式启动全球首个网联云控式高级别自动驾驶示范区建设，几个月后依托示范区设立北京市智能网联汽车政策先行区，支持新技术、新产品、新模式应用推广。在政策体系方面，北京市聚焦全无人、高速公路、无人接驳等情景，已累计出台十余项行业代表性管理政策。

（1）建设目标及愿景

北京市高级别自动驾驶示范区的建设目标是支持 L4 级以上高级别自动驾驶汽车的规模化运行，向下兼容低级别自动驾驶汽车的测试运营和车联网应用场景实现，引导企业在技术路线选择上采用车路云一体化解决方案，改变众多企业只能被动选择单车智能的现实局面，实现技术引领，推进技术进步。

示范区以北京经济技术开发区全域为核心，开展"车、路、云、网、图"五大体系建设，通过统筹车路云网图各类资源进行融合试验，打通网联云控式自动驾驶的关键环节，形成城市级工程试验平台，以"车路协同"理念加速高级别自动驾驶的实现。示范区将以 3 ~ 6 个月为一周期分阶段进行建设迭代，按照 1.0 阶段（试验环境搭建）、2.0 阶段（小规模部署）、3.0 阶段（规模部署和场景拓展）、4.0 阶段（推广和场景优化）的步骤逐步推进，并计划在模式成熟后推广至京内其他地区，拓展更为丰富的应用场景。

（2）当前发展阶段

随着国内外纷纷加大整车无人自动驾驶测试的政策开放范围，北京市遵循产业发展趋势，积极谋划并持续完善相关管理政策，逐步推进无人化安全有序落地。北京市政府在《2023 年市政府工作报告重点任务清单》提出"高级别自动驾驶示范区扩区建设"，目标明确地对高级别自动驾驶提出了新的发展目标。

2023 年 9 月 21 日下午，2023 世界智能网联汽车大会在北京成功举办，大会肯定了中国汽车市场在全球经济摆脱疫情后的活力与重要性，并指出智能网联汽车在交通成本、安全性、提高交通效率、便捷交通出行等诸多方面的优越性。百度集团智能驾驶事业群组总裁李震宇表示，在过去的一年，智能网联汽车领域最大的变化之一是无人驾驶可以在中国复杂城市道路场景中的真正落地。在 2022 年 4 月，北京成为全国首个开启乘用车无人化运营试点的城市，发放了无人化载人示范应用通知书，百度自动驾驶出行服务平台"萝卜快跑"也获得了批准，这标志着"方向盘后无人的自动驾驶服务"首先在国内出现。2023 年 3 月，百度的"萝卜快跑"首批获准在京开展全无人自动驾驶示范应用，这是在全球范围内，全无人车队首次在首都城市落地，目前已经开通了全无人商业化的试点。到目前为止，北京的无人驾驶已经实现了技术与运营的双重突破，也有更多的企业获得了示范区内的运营资格。

目前，示范区已圆满完成 1.0 及 2.0 阶段任务，进入以规模部署和场景拓展为目标的 3.0 阶段。示范区"车、路、云、网、图"一体化建设技术路线得到充分验证，自动驾驶与智慧交通、智慧城市协同发展应用场景不断丰富，逐步努力打造完整的智慧生态。区内已经聚集了百度、小马智行、商汤科技、轻舟智航、新石器等头部企业，北汽、奥迪等整车企业已率先开展常态化测试，戴姆勒、宝马、一汽、福特、理想等企业也正在推进测试事宜。在这一示范区工作和生活的人们，已经习惯了绿色牌照的新能源

车，对新出现的无人出租车、无人零售车、无人快递车、无人小巴士等各
式自动驾驶车辆也不再陌生，自动驾驶技术在这里向着驶入"寻常百姓家"
的目标稳步迈进。

5.2.2　自动驾驶技术在京主要应用场景

2022 年，交通运输部组织开展了智能交通先导应用试点，在自动驾驶
方向重点围绕公路货运、城市出行服务、物流配送、园区内运输、港区作
业等典型应用场景，布局了 18 项试点任务，其中，"北京城市出行服务与
物流自动驾驶先导应用试点项目"要求在 2022 年 8 月至 2023 年 12 月期间
依托北京市高级别自动驾驶示范区，开展自动驾驶城市出行服务、无人配送、
无人售卖等试点应用。在实际运行过程中，除了无人零售和无人驾驶出租车，
自动驾驶警务巡逻、微循环接驳和公园漫游车等场景也走进了市民的生活。

（1）自动驾驶出租

2023 年 9 月，百度、小马智行先后宣布获得北京市智能网联汽车政策
先行区首批乘用车"车内无人、车外远程"出行服务商业化试点通知书，
获准在北京亦庄开启车内无人自动驾驶出行服务收费，文远知行紧随其后，
于 11 月 17 日获得此项许可。至此，在亦庄划定区域内目前共有三种自动
驾驶出租车可供出行选择。

作为全球最大的自动驾驶出行服务商，截至 2023 年 6 月 30 日，百度"萝
卜快跑"订单总量已超过 330 万单，其中 2023 年第二季度"萝卜快跑"共
提供了 71.4 万次乘车服务，同比增长达 149%。乘坐过"萝卜快跑"的用
户对自动驾驶出行的信任度明显增加，"无人车，打萝卜"正成为更多用
户的日常出行新选择。图 5.7 展示了调研团队在亦庄考察百度"萝卜快跑"
自动驾驶汽车商业化服务。另一家发展势头强劲的企业小马智行，现阶段

图 5.7　百度"萝卜快跑"自动驾驶汽车商业化服务
图片来源：笔者拍摄

的无人驾驶出租车收费标准与此前主驾副驾有安全员两个阶段一致，相比传统出租车价格略贵。为了提升车内无人状态下乘客的出行和乘坐体验，小马智行在专用打车软件 PonyPilot+ 上线无人化站点、预约车内无人出行等功能，使乘客有更多自主选择的空间，可以根据自己的接受程度选择是否需要安全员陪同。从 2022 年 10 月首次在京获准开展示范区无人化道路测试业务，自动驾驶企业文远知行也逐步获准开展"无人化车外远程阶段"示范应用业务、示范区机场高速道路测试业务。在取得出行服务商业化试点许可后，市民可在划定范围内通过 WeRide Go 应用软件呼叫到文远知行无人化自动驾驶出行服务车辆，可实时查看订单预估费用。车辆到达指定上车点后，乘客扫码验证身份即可享受自动驾驶带来的轻松、便捷的出行服务。

下一步，北京市高级别自动驾驶示范区还将推进更大范围的技术迭代，拓展更为丰富的应用场景，逐步扩展完成 500km² 扩区建设，推动高速路开放，促成机场、火车站等重要场景实现自动驾驶接驳，聚焦自动驾驶车载终端量产应用和汽车芯片产业链协同两大重点，构建智能网联汽车的产业生态。

（2）自动驾驶公交

　　自动驾驶公交属于自动驾驶领域线路相对固定的"中低速"场景布局，由于低速安全、路线相对固定，无人公交是公认的目前最适合自动驾驶技术落地的载体之一（图5.8）。从2020年起，自动驾驶公交先后在苏州高铁新城、中国（上海）自由贸易试验区、合肥市包河区部署启动，在技术方面已经能实现自动驾驶、避障、泊车等功能。在北京，百度、轻舟智航、文远知行等企业都在无人驾驶公交车这一领域进行着尝试。轻舟智航于2022年11月在北京经开区开通了全市首条智能网联客运巴士示范应用

图 5.8　雄安新区的阿波罗自动驾驶巴士
图片来源：笔者拍摄

路线——"扬帆线"，自动驾驶小巴正式载人驶上城市道路，并于 2023 年 3 月在北京经开区再投用 2 辆无人车，正式开通全市首条自动驾驶小巴教育专线。

2023 年 10 月，由北京公交集团作为牵头单位，亦庄运营公司、福田欧辉、轻舟智航作为联合体，取得了北京市高级别自动驾驶示范区工作办公室印发的《智能网联汽车道路测试通知书》，并获得北京市公安局公安交通管理局颁发的路测牌照。这意味着北京公交高级别自动驾驶车辆跨过封闭场地测试阶段，进入地面公共交通实际运营场景的开放道路测试阶段。事实上，过去一年多时间里，轻舟智航的智能网联客运巴士"龙舟 ONE"在北京市高级别自动驾驶示范区的公开道路上持续进行常态化测试，已在北京经开区的地铁、办公楼宇之间为市民提供了多次的客运接驳服务。随着北京公交高级别自动驾驶汽车获准在真实情境下上路测试，将有助于持续赋能大型客车车型，使自动驾驶技术渗透到更加广泛的应用场景，适应更复杂的交通环境和更严格的法规要求。

（3）自动驾驶物流系统

在物流行业中，自动驾驶技术的应用将有效提高行业效率并降低运营成本，切实解决行业痛点。随着自动驾驶技术发展，相关技术和装备已经开始在某些细分市场落地应用，并形成场景、产品、模式的闭环。在北京，自动驾驶技术也已经在城市物流系统的各个环节发挥作用。

除了布局自动驾驶出租场景，小马智行在自动驾驶重卡方面也积极布局。2021 年底，小马智行在京台高速完成国内自动驾驶卡车公开高速公路首测。2022 年，小马智行与其他公司达成战略联盟，塑造自动驾驶卡车"技术 + 车辆 + 场景"的"黄金三角"商业闭环。2023 年 9 月，小马智行获准在北京开启智能网联重型卡车示范应用，成为北京市首家落地相关场景的企业，自动驾驶卡车将在真实场景下提供示范性货运服务，并携手中国外运探索物流业务的场景落地新模式，反哺智慧物流平台和自动驾驶系统研发。公开信息显示，北京市已经开放京台高速公路北京段、大兴机场北线高速公路以及大兴机场高速公路，供自动驾驶卡车进行道路测试和示范应用。在获得智能网联重型卡车示范应用通知书后，小马智行可在主驾位有安全员的情况下，在北京的开放高速路段开展自动驾驶卡车载货示范应用。

　　同时，小型无人配送车也纷纷出现在北京亦庄经济技术开发区、798艺术园区等人来人往的街道上。一些样式可爱、形态各异的小车每天都在沿途装卸快递包裹，它们无须人值守，就能自动完成行驶、停靠以及与物流中心接驳等一系列任务，极大提高了配送效率（图5.9）。这种无人配送车正在被广泛应用在自动贩卖和快递配送等领域，目前亦庄地区已经建

图5.9　北京798艺术园区内的物流自动配送车
图片来源：笔者拍摄

立了由 300 台无人配送车组成的车队，开始规模化运营，已服务超 500 万笔业务订单。中国移动北京公司（北京移动）、华为和新石器强强联手，为无人配送车装备了最新的"5G 云边端协同算网"，通过"闲时闲区主动触发""车边算力协同"和"5G 车联专网"这三大创新技术，时刻精准掌控无人配送车的路线和日程。虽然目前来看无人配送车的使用仍有局限性，但参照无人出租车和无人接驳车的更新发展速度，无人配送车的前景同样让人充满期待。

5.2.3　示范区发展成果及未来趋势

自动驾驶是汽车行业发展的必然趋势，随着技术迭代及应用验证，高级别自动驾驶将逐步提升车辆运行能力，届时将激发大规模车辆置换需求，推动社会经济发展。随着自动驾驶与智慧交通、智慧城市协同发展应用场景不断丰富，可优化北京的路面交通状况，有效减少拥堵与事故发生率。

（1）跟进设施配套，经验市域推广

通过 1.0 和 2.0 阶段建设，示范区在 $60km^2$ 的 300 多个路口、双向 750km 城市道路以及京台高速双向 10km 高速公路实现车路云一体化功能全覆盖。如今，其正在按照"安全为要、逐步扩展、连片发展"原则推进 3.0 阶段扩区建设。"聪明的车"需要"智慧的路"，示范区内，路边布置的智慧综合箱和改造后的多功能综合杆随处可见。332 个数字化智能路口已实现基础设施全覆盖，这种"多杆合一、多感合一、多箱合一"的智能网联标准化路口建设方案为国内首创。在示范区建设的 3.0 阶段，"聪明"的路口也将扩容，根据道路形态与功能需求采用差异化系统优化方案，在满足各项业务功能需求的同时，降低建设成本，在未来逐步形成北京市统一的建设方案。

根据相关报道，示范区 3.0 阶段将以 100km² 为实施单元，重点探索不同区域、不同基础条件下的建设模式，逐步实现示范区建设管理经验成果在全市复制推广。报道披露，首个 100km² 率先在亦庄新城区域内选区建设，涉及 157 个标准路口，部署范围覆盖城市主、次干路，建成后将与此前的 60km² 互联互通，最终形成亦庄新城全域连片带动效果。后续，还将有序完成 500km² 扩区覆盖，建设车路云一体化生态系统。

（2）完善政策法规，争取社会接纳

在推进立法方面，《北京市智能网联汽车管理条例》已纳入 2023 年度北京市人大立法工作计划。在标准化成果方面，示范区积极搭建"车—路—云—网—图—安全"示范区标准体系，累计完成示范区标准 20 项，并推动 5 项团体标准转化与 6 项北京市地方标准研制。与此同时，示范区持续建设完善"事前—事中—事后"监管体系，采取强化管理、优化服务并重措施，为企业车辆测试及商业化探索提供保障。

2023 年 9 月 23 日，《高级别自动驾驶应用白皮书》正式发布。该白皮书指出，自动驾驶上路运行和商业化运用成为行业关注的重点，已进入落地的关键期。未来自动驾驶发展需要政策法规和标准先行，对自动驾驶车辆合法上路给予政策、法规上的支持；同时，应通过研究自动驾驶保险和开展地方先行先试等实践，切实保障使用者的安全与权益，提高自动驾驶产品的社会认可度和接纳度。

（3）应用场景持续扩展，商业化尝试加快落地

《北京市高级别自动驾驶示范区建设发展报告（2022）》中指出示范区自建成以来针对应用场景全面示范、协同发展，推进自动驾驶乘用车无人化和商业化，服务超 134 万人次；实现末端配送新模式，无人配送服务超 130 万单；打造零售服务新体验，累计服务 250 万余次；积极推动教育专线、机场接驳场景等创新应用落地，与公交车、公务车、快递车、环卫车、社会车辆等实现小规模场景示范应用。

以文远知行为例，其企业官方表示，未来文远知行将持续增加自动驾驶出行服务车队运营数量，追加热门需求站点，同时加快推进自动驾驶小巴、自动驾驶环卫车等多类自动驾驶产品的商业化运营进程，打造高效便民出行生态圈，让无人驾驶服务变得人人都触手可及。目前文远知行在北京高级别自动驾驶示范区投入了自动驾驶小巴和自动驾驶出租车、自动驾驶环卫车三款产品，其率先推出可量产的自动驾驶小巴，并在多个自动驾驶应用场景同时发力，这也是当前北京经开区无人驾驶行业快速发展、激烈竞争的一个缩影。同样，小马智行在竞争中选择了继续在技术上发力，从无人出租车向技术的难点——自动驾驶卡车发力。2020 年底小马智行正式成立自动驾驶卡车部门，并独立运行；2022 年先后与中国外运成立合资公司，与三一重工成立合资公司，同时投资了出行公司如祺出行，加强在这两个赛道的商业化，但更多还是以技术为驱动的商业化闭环，通过联合自动驾驶技术的上下游供应商来实现商业化落地。

5.2.4　案例小结

随着自动驾驶的"北京模式"在亦庄落地，北京正依托首都优势充分发挥高级别自动驾驶示范区建设的先导和引领作用，促进产业链企业加速聚集。在技术层面，北京汇聚了百度、小马智行、主线科技、新石器、国汽云控等智能网联汽车领域相关企业 100 余家，涵盖了车路云网图各个方面，各企业在竞争合作中不断进行技术革新与产品升级；在应用层面，自动驾驶技术的应用场景已较为丰富，涵盖出行、物流、环卫、督察等各个领域；在配套层面，北京市对无人驾驶领域的技术发展提供了较多的政策、资金支持，各个无人驾驶细分技术领域的配套基础设施、服务日渐完备，众多企业获得了参与路测和商业化试点的良好机会。未来，北京市将持续推动示范区经验成果规模化推广，引领和赋能智能网联汽车高质量发展，为中国分享"北京模式"，向世界展示"中国方案"，积极推动智慧城市建设，促进城市管理和社会服务的智慧化转型，使自动驾驶真正走入"寻常百姓家"。

第 6 章 结语

6.1 回顾本书

回想一下推动本书研究的问题：自动驾驶汽车会改变通勤者的出行时间价值吗？自动驾驶汽车能否达到缩小日常活动参与性别不平等的目的？自动驾驶汽车会引发更多的城市扩张吗？笔者通过选择实验开始对这些问题进行探究，揭示了通勤者如何在自动驾驶汽车的可用性方面以不同的方式权衡出行时间和出行花费。在这个选择实验中，出行时间和出行花费被明确列为属性，实验设计考虑了通勤者是否需要搭载其他乘客以及是否可以在车内进行其他活动。选择实验的结果表明，自动驾驶汽车在一定程度上降低了被感知的出行时间成本（约 20%）。然而，谁从中受益最多呢？这种出行时间成本降低还表现出空间异质性，郊区通勤者似乎从出行时间成本的降低中获得了最大的好处，其次是城市和郊区通勤者。然而，只有一小部分通勤者更喜欢自动驾驶汽车出行，这可能会缓和自动驾驶汽车对交通系统的更广泛影响。

尽管理解行为效应的空间异质性至关重要，但自动驾驶汽车降低感知的出行时间成本并不足为奇。然而，更为关键的问题是，这项技术是否有助于我们实现对城市的愿景。因此，笔者基于分配正义理论，探讨了自动驾驶汽车对时间利用和活动参与的公平影响。具体而言，笔者研究了自动驾驶汽车是否有助于缩小男性和女性之间在日常活动参与方面存在的不公平差距。通过提供更多的车内活动机会，自动驾驶汽车可以为移动中的日常活动提供更多的空间，从而创造出行程之外的可支配时间。然而，由于不同人群的日常需求存在差异，可支配时间的产生可能会对不同人产生不同的影响。为了研究这个问题，笔者引入了"中益"概念，以捕捉人们将机会（即车内活动）转化为福利的程度。笔者利用选择模型考察了个体条件与他们的出行和居住地点相关的特征和背景，以确定他们参与车内活动的可能性。笔者的研究发现，人们普遍愿意在乘坐自动驾驶汽车时进行车内活动，尤其是那些生活在郊区且通勤距离较长的通勤者。然而，令人遗憾的是，男性和女性通勤者在车内活动的潜在参与方面没有差异，因此，考虑到女性在社会中面临更多的时间贫困，日常活动参与的不公平差距仍然存在[104]。这些发现有助于我们更好地理解自动驾驶汽车可能对不同性别群体产生的影响，同时也强调了需要采取进一步措施来缩小日常活动参与的不平等差距。

在规划者和研究人员就未来城市结构的影响进行讨论和调查时，尽管我们拥有更好的数据和更先进的方法，但依然难以解决与预测相关的许多不确定性。相反，笔者选择回顾了过去三十年美国的空间变化，并构建了一些反事实场景，假设自动驾驶汽车已经引入我们的城市中。通过这种方法，可以降低结构性变化对分析的威胁，因为过去广泛的社会、经济和政治背景是研究人员所熟知的。研究结果在实证上展示了城市扩张是由聚集和交通拥堵之间的紧张关系而产生的。更重要的是，反事实分析表明，在所有情景中，城市中心的再城市化是一个普遍趋势的情况下，自动驾驶汽车都会引发更大程度的城市扩张。然而，需要注意的是，如果未来自动驾驶汽车的市场份额很小，对城市结构的影响可能不会很大，这是一个需要警惕的因素。

6.2　新兴技术、规划和未来城市

科技进步和城市规划都在持续不断地努力将世界打造成理想的样子。在过去的两个世纪里，随着工业革命后的城市化浪潮兴起，技术成功地提高了城市生活水平，改善了个人的生活质量。一方面，在当下，大多数发达国家，人们可以更长寿、出行更迅捷、获得更丰盛的食物并实现更多的梦想。然而，必须承认，由于技术获取不均等因素，仍有数百万人在受到饥饿、流行病和其他极端条件的困扰。

另一方面，我们也面临一系列全球城市问题。肥胖和慢性疾病、交通拥堵和车祸，以及由气候变化引发的极端事件正在席卷全球。这些问题都是直到 19 世纪技术成为主要生产方式时才出现或激增的新问题。

城市规划的兴起正是为了应对技术进步和城市化所带来的外部性问题。此时，自动驾驶汽车显然将会对人们和城市产生各种影响，但并非所有影响都是积极的。从城市规划的角度来看，笔者讨论了这项研究对自动驾驶汽车全面进入市场的影响，并思考了政策和技术变革如何提高城市生活质量、确保交通系统使城市向公平、可持续和健康过渡。这是确保我们能够迎接未来挑战并创造更美好城市的关键一步。

（1）改善农村流动性

自动驾驶汽车最具前景的好处之一是为农村社区提供服务。正如第 2 章所讨论的，农村通勤者对采用自动驾驶汽车表现出最高的兴趣。与公共交通服务较好的大城市地区不同，农村地区由于人口较少、资金有限，在为居民提供公共交通服务方面面临困难。此外，农村地区缺乏人行道，到达目的地的行程距离较长，因此选择步行和骑自行车作为出行方式具有挑战性。因此，拥有私家车对农村地区的出行至关重要。自动驾驶汽车有潜力在农村地区提供与私家车相同水平的服务，如果作为共享自动驾驶公交车运营，则更加环保。这种类型的自动驾驶汽车服务有几个好处。首先，它可以满足很大一部分未被满足的出行需求，特别是对于不会开车的老年人和儿童。其次，它可以提供社交互动和抵抗孤立的空间，特别是在人们往往相互了解的农村环境中。最后，由于消除了劳动力成本，地方政府提供此类服务的成本更低。目前，虽然有关自动驾驶汽车的讨论主要集中在大都市地区 [10, 165]，但笔者认为学者和规划者需要更多地关注自动驾驶汽车可以满足农村地区哪些未被满足的出行需求以及如何提供服务。

（2）公平的技术转型

技术进步所推动的变革可能会导致不平等现象的产生或加剧现有的不平等。正如笔者在第 3 章中所讨论的关于车内活动的分配效应一样，自动驾驶汽车未能为女性提供公平的竞争环境，因为女性相对于男性更加受时间限制的制约。相反，如果结构性性别不平等持续存在，自动驾驶汽车的通勤时间可能会延长女性的无偿家务劳动时间。

车内活动福利的不公平分配与程序上的不公平密切相关。技术发展是人类的集体过程，但并不是每个人都平等地参与到这个过程中。例如，由于科技行业以男性为主导，女性在技术发展过程中长期被边缘化，导致她们的价值观和偏好未被认可。因此，自动驾驶汽车的持续发展可能不仅会继续边缘化女性，还可能边缘化老年人、残疾人和儿童等其他弱势群体。

与拥有更多财力和智力资源的全球科技和汽车公司相比，规划者在设计和开发技术方面的发言权有限。然而，规划者拥有独特的权力和工具，如公民参与方法、规划法规和定价方案。规划者需要确保自动驾驶汽车服务于公共利益，并确保自动驾驶汽车的利益得到公平分配。鉴于自动驾驶汽车的开发涉及复杂的问题，让不同群体参与决策过程对于确定自动驾驶汽车开发的每个阶段对公众利益和影响的分配非常重要。第 3 章中涉及女性群体内的差异也强调了认识到不同群体特征的交叉影响的重要性，这些交叉影响尽管可能看似复杂，但也需要在技术发展中引入公民参与。

除了边缘群体在技术发展中的地位之外，笔者还认为资本主义制度可能是不平等的根源。资本主义制度将个人的需求、需要和欲望转化为实现营利的消费需求（选择）[166]。由此产生的社会和空间不平等，在数字发展、汽车发展和郊区生活中已得到充分记录[167]。笔者认为自动驾驶汽车的发展是资本家再次构建个人资本积累欲望的一种手段，延续甚至可能放大了高碳、高成本的汽车主导文化的趋势。然而，随着交通系统变得更加移动化，越来越多的人被排除在交通系统之外[168]。如果不彻底改变资本主义制度，那所有的干预都只是补救措施而已。

（3）应对气候变化

城市扩张是不可避免的，它对各个地理尺度的气候过程产生影响，也影响城市对气候变化的脆弱性。随着世界温度升高和城市化，我们迫切需要确保城市地区的可持续扩张。在第 4 章中，通过反事实分析，笔者展示了自动驾驶汽车被引入城市后，在大多数情况下都会引发更多的城市扩张。尽管自动驾驶汽车可能提高了经济效率，例如支持更高程度的城市集聚，但如果城市继续以历史速度扩张，其好处可能会以环境损失为代价。例如，过去几十年来，城市扩张一直是美国东北部和西南部森林消失的主要原因[153]。

在技术不断发展的同时，我们是否必须在经济增长和自然保护之间做出选择？如果是的话，笔者认为我们应该世代保护自然。然而，这不一定是二元的选择。首先，气候变化和经济增长是相互关联的。气候相关的极端事件会干扰经济，损害基础设施，并降低劳动生产率。如果不采取减缓和适应措施，与气候相关的经济损失预计将超过美国许多州当前的国内生产总值 [155]。其次，自动驾驶汽车可以通过减少交通拥堵和车辆行驶里程收费来抑制城市扩张。笔者指出，自动驾驶汽车之所以会引发更多的城市扩张，主要是因为距离成本降低。因此，自动驾驶汽车可以通过弹性的距离定价来抑制城市扩张，这也是移动即服务（mobility as a service）的特征之一。最后，随着城市距离成本的上升和拥堵成本的下降，我们可以预期城市扩张的规模会减小，但它将能够容纳更多的人口。此外，自动驾驶汽车的发展可能会促进清洁能源的采用，因为它们预计将是全电动的。总之，通过采取一系列干预措施，如解决拥堵问题、控制私家车拥有数量和实施车辆行驶里程收费，自动驾驶汽车为我们提供了使城市更加高效和可持续的机会。

然而，我们不应将技术变革视为应对气候变化的唯一解决方案。同样重要的是，自动驾驶技术需要达到一定的规模才能产生实质性影响。正如笔者在第 2 章中所指出的，如果只有少数人会选择自动驾驶汽车进行通勤，且如果这种低采用率持续下去，那么自动驾驶汽车的影响将非常有限，技术开发和基础设施投资将不具备成本效益。正如我们在信息和通信技术领域所见到的，许多技术的预期效果并没有实现，因为它们过于简化了技术的作用，忽视了社会影响，如文化变迁、替代技术的未来、技术与社会的共同演化、社会需求和技术障碍。这些被忽视的因素同样适用于自动驾驶汽车的未来设想，而这些设想可能永远无法实现。尽管如此，自动驾驶汽车仍然可以在未来城市中扮演与今天的电信类似的角色。

除了提供技术解决方案外，自动驾驶汽车还使我们重新思考交通系统和城市。许多关于交通系统的预期变革，如共享汽车 / 乘车和转向更高密度的城市地区，不一定以技术为中心。相反，这些变革涉及我们态度和生活方式的改变，而不仅仅是技术上的变化。最近，学者强调了这种类型的变革是需求侧解决方案，其中包括行为（规范和习惯）和基础设施变化（建成环境）。需求侧解决方案需要我们思考：我们重视并规划哪些社区？规划者不应仅仅是自动驾驶汽车的受益者，而应该是积极参与规划和塑造自动驾驶汽车的发展，以实现规划目标的参与者。规划者可以决定自动驾驶汽车是否以及如何在城市转型中发挥作用。为了使其能够有效地实现这一点，这些转变需要反映在社会、环境、心理和技术生态系统中。因此，跨学科方法和公民参与在确定自动驾驶汽车的作用方面至关重要，以确保其能够最大程度地满足我们的需求，因为规划者无法独自创建社区。

6.3　后续研究

总体而言，本书的分析告诉我们，自动驾驶汽车对出行选择的潜在影响并不强烈，并具有社会和空间差异性。即便如此，本书的反事实分析表明，如果没有采取积极主动的政策干预，自动驾驶汽车可能会加剧城市扩张，恶化现有的城市发展模式。未来研究可以探究以下几个方向，以应对未来并主动设计政策。

①未来的研究应该建立一个跨学科的框架，以解决与新兴技术和城市相关的分析和方法论问题。这涉及将规划研究与政治经济学等其他相关领域联系起来，从而更好地理解新技术引入对城市和社会的多层次和跨领域影响。例如，在第 2 章中，我们进行的一项新古典经济学研究，是建立在效用最大化假设之上。然而，我们也应该挑战效用最大化假设，并考虑资本主义制度对出行选择的塑造作用，以及个体居住环境、社会和政治环境对出行选择的影响。这种跨学科的方法有助于更全面地理解出行行为和城市发展之间的关系。除了挑战效用最大化假设的理论之外，出行行为看似是一种自然的、理所当然的行为，但实质上是被资本主义制度自然化的行为 [169]。因此，基于效用的出行选择分析忽略了个人居住的当地建筑、社会

和政治环境之外的更广泛的结构。忽视自动依赖行为和发展是由更广泛的结构自然化的而不是自然的，我们可能会忽视结构变化的可能性。这绝不是削弱微观经济分析的价值，但未来的研究应该在可行或必要时将出行行为的政治经济学纳入其调查中。

②未来的研究应该考虑基于预期行为的政策干预的重要性。在这项研究中，笔者通过分析历史反事实情景，试图最大程度地减少第 4 章中所提到的经济分析中的"卢卡斯批判"。卢卡斯的观点是，经验关系可能会发生变化，从而使预测模型变得无效。通过回顾历史，笔者确定自动驾驶汽车的模拟引入并没有改变笔者模型所基于的数据底层结构，因此反事实的结果在某种程度上是稳健的。然而，在预测未来时，对自动驾驶汽车的期望可能会改变出行行为和城市发展的潜在机制。这种改变可以包括集体习惯的变化和不同的城市政策的实施。随着历史数据所揭示的函数关系的改变，基于经验数据的静态模型可能会显著失去其预测能力。在这种情况下，对大数据和机器学习技术的不断强调并没有真正提高我们管理未来不确定性的能力。相反，数据和技术的爆炸性增长可能会使源自过去的模型和理论与现在和未来更加不相关——这是一个抗解问题（wicked problem）。

③未来的研究应该致力于开发能够有效参与未来规划的框架。首先，这些框架应该能够处理两种类型的不确定性：认识论不确定性和本体论不确定性 [170]。认识论的不确定性描述了未知的、有限的知识、现实和未来的可能性；它可以通过更好的数据和建模技术来解决。相比之下，本体论的不确定性侧重于未知因素，这使得数据和方法在政策制定中的用处有限。德比郡（Derbyshire）指出，本体论的不确定性可能是社会转型的根源，而不仅仅是分析障碍。这与比塞尔（Bissell）的观点相一致，即我们不应该忽视人类的创造力和可能发生变革的日常生活中的潜在新形式 [171]。德比郡提出了一种方法，可以将计算方法与情景规划结合起来，通过呈现一系列可管理的潜在未来以帮助构建未来。这种方法有助于通过场景构建来管理

新兴技术的潜在破坏，并展示在某种程度上如何解决所谓的棘手问题。

　　目前，我国城市发展的核心目标正由经济增长逐步转变为"以人为本"的新型城镇化阶段，但在一定程度上城市被锁定在一条由城市快速扩张与空间重构所导致的不可持续发展路径中。那么，具备颠覆性的自动驾驶技术是否能成为城市脱离不可持续发展路径的转折点，需要我们结合中国实际探索和总结空间与行为之间的作用关系[172]。既有研究基于量化模型和历史数据探究了自动驾驶汽车的空间影响，但是该技术的高度不确定性具有不可计算的维度，有必要结合定量和定性的情景规划策略，连接分析 / 建模过程与规划过程，从而深化对该技术的认识以及辅助远期决策。

　　然而，居民缺乏对自动驾驶汽车的实际体验，研究者难以准确把握居民对自动驾驶汽车的期望和需求，导致估算自动驾驶对城市的影响缺少可靠支撑。现有研究缺乏关于城市空间特征对自动驾驶汽车使用的关注，大部分研究主要关注出行特征和自动驾驶技术本身。以新城市社会学来理解，关注城市空间形态对时间价值的影响，事实上涵盖了影响时间价值的相关社会、经济、文化等与空间辩证统一的宏观因素。从空间对行为影响的角度看，城市空间形态要素包括不同尺度的城市建成区形状、大小、密度和结构以及居民所处的城市内部区位。城市空间形态是居民活动需求和城市资源供给动态平衡的结果，其对居民活动需求的支撑和制约，可以影响居民时间预算以及出行时间价值。因此，按照居民特征、出行特征、城市空间特征交叉分类估算自动驾驶汽车应用的影响，是自动驾驶汽车需求侧管理的关键参数，具有重要的实践意义。

参考资料

[1] WHILE A H, MARVIN S, KOVACIC M. Urban robotic experimentation: San Francisco, Tokyo and Dubai[J]. Urban Studies, 2021, 58(4): 769-786.

[2] 荣朝和 . 互联网共享出行的物信关系与时空经济分析 [J]. 管理世界，2018，34（4）：101–112.

[3] 王德，李丹，傅英姿 . 基于手机信令数据的上海市不同住宅区居民就业空间研究 [J]. 地理学报，2020，75（8）：1585–1602.

[4] 汪凡，林玥希，汪明峰 . 第三空间还是无限场景：新零售的区位选择与影响因素研究 [J]. 地理科学进展，2020，39（9）：1522–1531.

[5] 牛强，易帅，顾重泰，等 . 面向线上线下社区生活圈的服务设施配套新理念新方法：以武汉市为例 [J]. 城市规划学刊，2019（6）：81–86.

[6] 孔宇，甄峰，张姗琪 . 智能技术影响下的城市空间研究进展与思考 [J]. 地理科学进展，2022，41（6）：1068–1081.

[7] 张文佳，鲁大铭 . 行为地理学的方法论与微观人地关系研究范式 [J]. 地理科学进展，2022，41（1）：27–39.

[8] 刘瑜，姚欣，龚咏喜，等 . 大数据时代的空间交互分析方法和应用再论 [J]. 地理学报，2020，75（7）：1523–1538.

[9] 杨天人，金鹰，方舟 . 多源数据背景下的城市规划与设计决策：城市系统模型与人工智能技术应用 [J]. 国际城市规划，2021，36（2）：1–6.

[10] GUERRA E. Planning for cars that drive themselves: metropolitan planning organizations, regional transportation plans, and autonomous vehicles[J]. Journal of Planning Education and Research, 2016, 36(2): 210-224.

[11] FREY W H. Census shows a revival of pre-recession migration flows[R/OL]. (2017-03-30)[2019-11-12]. https://www.brookings.edu/blog/the-avenue/2017/03/30/ census-shows-a-revival-of-pre-recession-migration-flows/.

[12] BELL D, JAYNE M. Small cities? Towards a research agenda[J]. International

Journal of Urban and Regional Research, 2009, 33(3): 683-699.

[13] COHEN G A. Equality of what? On welfare, goods, and capabilities[M]// NUSSBAUM M C, SEN A K. The Quality of Life. Oxford: Oxford University Press, 1993: 9-29.

[14] HOSTOVSKY C. The paradox of the rational comprehensive model of planning: tales from waste management planning in Ontario, Canada [J]. Journal of Planning Education and Research, 2006, 25(4): 382-395.

[15] BAUM H S. Forgetting to plan[J]. Journal of Planning Education and Research, 1999, 19(1): 2-14.

[16] BAUM H S. The organization of hope: communities planning themselves[M]. Albany: State University of New York Press, 1997.

[17] BEAUREGARD R A. Planning matter: acting with things[M]. Chicago: The University of Chicago Press, 2015.

[18] 秦波，陈筱璇，屈伸 . 自动驾驶车辆对城市的影响与规划应对：基于涟漪模型的文献综述 [J]. 国际城市规划，2019，34（6）：108–114.

[19] PARK R E. The city: suggestions for the investigation of human behavior in the city environment[J]. American Journal of Sociology, 1915, 20(5): 577-612.

[20] BURGESS E W. The growth of the city: an introduction to a research project [M]// PARK R, BURGESS E. Urban Ecology. Chicago: The University of Chicago Press, 1925: 85-97.

[21] HOYT H. The structure and growth of residential neighborhoods in American cities[R/OL]. (1939-04-21)[2019-11-15]. https://catalog.hathitrust.org/Record/001106777.

[22] HARRIS C D, ULLMAN E L. The nature of cities[J]. The Annals of the American Academy of Political and Social Science, 1945, 242(1): 7-17.

[23] XIE Y, YE X. Comparative tempo-spatial pattern analysis: CTSPA[J]. International Journal of Geographical Information Science, 2007, 21(1): 49-69.

[24] VON THÜNEN J H. The isolated state[M]. Oxford: Pergamon, 1966.

[25] ALONSO W. Location and land use: toward a general theory of land rent[M]. Cambridge: Harvard University Press, 1964.

[26] MILLS E S. An aggregative model of resource allocation in a metropolitan area [J]. The American Economic Review, 1967, 57(2): 197-210.

[27] MUTH R. Cities and housing: the spatial patterns of urban residential land use [M].
      Chicago: The University of Chicago Press, 1969.

[28] MOSES L N. Location and the theory of production[J]. The Quarterly Journal of
      Economics, 1958, 72(2): 259-272.

[29] ISARD W. Location and space-economy[M]. New York: Wiley, 1956.

[30] HOOVER E M. The location of economic activity[M]. New York: McGraw-Hill,
      1948.

[31] WEBER J. Individual accessibility and distance from major employment centers:
      an examination using space-time measures[J]. Journal of Geographical Systems,
      2003, 5(1): 51-70.

[32] CHRISTALLER W. Central places in southern Germany[M]. Translated by
      BASKIN C W. Englewood Cliffs: Prentice-Hall, 1966.

[33] LÖSCH A. The economics of location[M]. New Haven: Yale University Press,
      1954.

[34] GLAESER E L, KOHLHASE J E. Cities, regions and the decline of transport
      costs[J]. Papers in Regional Science, 2003, 83(1): 197-228.

[35] WHITE M J. Location choice and commuting behavior in cities with decentralized
      employment[J]. Journal of Urban Economics, 1988, 24(2): 129-152.

[36] GORDON P, RICHARDSON H W, JUN M J. The commuting paradox evidence
      from the top twenty[J]. Journal of the American Planning Association, 1991, 57(4):
      416-420.

[37] GORDON P, RICHARDSON H W. Are compact cities a desirable planning
      goal?[J]. Journal of the American Planning Association, 1997, 63(1): 95-106.

[38] CERVERO R, WU K L. Sub-centring and commuting: evidence from the San
      Francisco Bay Area, 1980-90[J]. Urban Studies, 1998, 35(7): 1059-1076.

[39] FUJITA M, OGAWA H. Multiple equilibria and structural transition of non-
      monocentric urban configurations[J]. Regional Science and Urban Economics,
      1982, 12(2): 161-196.

[40] LUCAS R E, ROSSI-HANSBERG E. On the internal structure of cities [J].
      Econometrica, 2002, 70(4): 1445-1476.

[41] GORDON P, RICHARDSON H W. Beyond polycentricity: the dispersed
      metropolis, Los Angeles, 1970—1990[J]. Journal of the American Planning

Association, 1996, 62(3): 289-295.

[42] ANAS A, ARNOTT R, SMALL K A. Urban spatial structure[J]. Journal of Economic Literature, 1997, 36: 1426-1464.

[43] HOCHMAN O, OFEK H. The value of time in consumption and residential location in an urban setting[J]. The American Economic Review, 1977, 67(5): 996-1003.

[44] WHEATON W C. Income and urban residence: an analysis of consumer demand for location[J]. The American Economic Review, 1977, 67(4): 620-631.

[45] GLAESER E L, KOLKO J, SAIZ A. Consumer city[J]. Journal of Economic Geography, 2001, 1(1): 27-50.

[46] BRUECKNER J K, THISSE J F, ZENOU Y. Why is central Paris rich and Downtown Detroit poor?: an amenity-based theory[J]. European Economic Review, 1999, 43(1): 91-107.

[47] ALBOUY D, LUE B. Driving to opportunity: local rents, wages, commuting, and sub-metropolitan quality of life[J]. Journal of Urban Economics, 2015, 89: 74-92.

[48] SCHIFF N. Cities and product variety: evidence from restaurants[J]. Journal of Economic Geography, 2015, 15(6): 1085-1123.

[49] NG C F. Commuting distances in a household location choice model with amenities[J]. Journal of Urban Economics, 2008, 63(1): 116-129.

[50] THORNGREN B. How do contact systems affect regional development? [J]. Environment and Planning A: Economy and Space, 1970, 2(4): 409-427.

[51] MADARIAGA R, MARTORI J C, OLLER R. Income, distance and amenities. An empirical analysis[J]. Empirical Economics, 2014, 47(3): 1129-1146.

[52] FLORIDA R. The rise of the creative class—Revisited: revised and expanded[M]. New York: Basic Books, 2014.

[53] FLORIDA R. The economic geography of talent[J]. Annals of the Association of American Geographers, 2002, 92(4): 743-755.

[54] YIGITCANLAR T, BAUM S, HORTON S. Attracting and retaining knowledge workers in knowledge cities[J]. Journal of Knowledge Management, 2007, 11(5): 6-17.

[55] MOKHTARIAN P L, COLLANTES G O, GERTZ C. Telecommuting, residential location, and commute-distance traveled: evidence from State of California

employees[J]. Environment and Planning A: Economy and Space, 2004, 36(10): 1877-1897.

[56] ELLEN I G, HEMPSTEAD K. Telecommuting and the demand for urban living: a preliminary look at white-collar workers[J]. Urban Studies, 2002, 39(4): 749-766.

[57] WAINWRIGHT O. "Everything is gentrification now": but Richard Florida isn't sorry[N/OL]. (2017-10-26)[2018-10-20]. https://www.theguardian.com/cities/2017/oct/26/gentrification-richard-florida-interview-creative-class-new-urban-crisis.

[58] HOOVER E M, GIARRATANI F. An introduction to regional economics[M]. New York: Alfred Knopf, 1971.

[59] SCOTT A J. A world in emergence: Cities and regions in the 21st century [M]. Cheltenham: Edward Elgar Publishing Ltd., 2012.

[60] DÖRING T, SCHNELLENBACH J. What do we know about geographical knowledge spillovers and regional growth?: a survey of the literature[J]. Regional Studies, 2006, 40(3): 375-395.

[61] FREEMAN C, PEREZ C. Structural crises of adjustment, business cycles and investment behaviour[M]// Technical change and economic theory. London: Francis Pinter, 1998: 38-66.

[62] MOSS M L, TOWNSEND A M. The Internet backbone and the American metropolis[J]. The Information Society, 2000, 16(1): 35-47.

[63] GRUBESIC T H, MURRAY A T. Constructing the divide: spatial disparities in broadband access[J]. Papers in Regional Science, 2002, 81(2): 197-221.

[64] SASSEN S. Cities in a world economy[M]. Newbury Park: Pine Forge Press, 2011.

[65] AUDIRAC I. Information technology and urban form: challenges to smart growth [J]. International Regional Science Review, 2005, 28(2): 119-145.

[66] STECK F, KOLAROVA V, BAHAMONDE-BIRKE F, et al. How autonomous driving may affect the value of travel time savings for commuting [J]. Transportation Research Record: Journal of the Transportation Research Board, 2018, 2672(46): 11-20.

[67] LARSON W, ZHAO W H. Self-driving cars and the city: effects on sprawl, energy consumption, and housing affordability[J]. Regional Science and Urban Economics, 2020, 81: 103484.

[68] ZAKHARENKO R. Self-driving cars will change cities[J]. Regional Science and

Urban Economics, 2016, 61: 26-37.

[69]   ZHANG W W, GUHATHAKURTA S. Residential location choice in the era of shared autonomous vehicles[J]. Journal of Planning Education and Research, 2021, 41(2): 135-148.

[70]   SMALL K A. Valuation of travel time[J]. Economics of Transportation, 2012, 1(1/2): 2-14.

[71]   JARA-DÍAZ S R. Allocation and valuation of travel-time savings[M]//Handbook of Transport Modelling. Bingley: Emerald Group Publishing Limited, 2007: 363-379.

[72]   SHELLER M, URRY J. The new mobilities paradigm[J]. Environment and planning A: Economy and Space, 2006. 38(2): 207-226.

[73]   EWING R, CERVERO R. Travel and the built environment: a meta-analysis [J]. Journal of the American Planning Association, 2010, 76(3): 265-294.

[74]   CALASTRI C, HESS S, DALY A, et al. Does the social context help with understanding and predicting the choice of activity type and duration? An application of the multiple discrete-continuous nested extreme value model to activity diary data[J]. Transportation Research Part A: Policy and Practice, 2017, 104: 1-20.

[75]   KRUEGER R, RASHIDI T H, ROSE J M. Preferences for shared autonomous vehicles[J]. Transportation Research Part C: Emerging Technologies, 2016, 69: 343-355.

[76]   BECKER F, AXHAUSEN K W. Literature review on surveys investigating the acceptance of automated vehicles[J]. Transportation, 2017, 44(6): 1293-1306.

[77]   KOLAROVA V, STECK F, BAHAMONDE-BIRKE F J. Assessing the effect of autonomous driving on value of travel time savings: a comparison between current and future preferences[J]. Transportation Research Part A: Policy and Practice, 2019, 129: 155-169.

[78]   KOLAROVA V, STECK F, CYGANSKI R, et al. Estimation of the value of time for automated driving using revealed and stated preference methods[J]. Transportation Research Procedia, 2018, 31: 35-46.

[79]   DE ALMEIDA CORREIA G H, LOOFF E, VAN CRANENBURGH S, et al., On the impact of vehicle automation on the value of travel time while performing

work and leisure activities in a car: theoretical insights and results from a stated preference survey[J]. Transportation Research Part A: Policy and Practice, 2019, 119: 359-382.

[80]   ZHONG H T, LI W, BURRIS M W, et al. Will autonomous vehicles change auto commuters' value of travel time?[J]. Transportation Research Part D: Transport and Environment, 2020, 83: 102303.

[81]   柴彦威, 塔娜. 中国时空间行为研究进展 [J]. 地理科学进展, 2013, 32（9）: 1362–1373.

[82]   STEAD D, MARSHALL S. The relationships between urban form and travel patterns. an international review and evaluation[J]. European Journal of Transport and Infrastructure Research, 2001: 1(2): 113-141.

[83]   CROWELL A R, FOSSETT M. White and Latino locational attainments: assessing the role of race and resources in U.S. metropolitan residential segregation[J]. Sociology of Race and Ethnicity, 2018, 4(4): 491-507.

[84]   BISSELL D. Transit life: how commuting is transforming our cities[M]. Cambridge: The MIT Press, 2018.

[85]   PALETI R, VOVSHA P, GIVON D, et al. Impact of individual daily travel pattern on value of time[J]. Transportation, 2015, 42(6): 1003-1017.

[86]   EWING R, PENDALL R, CHEN D. Measuring sprawl and its transportation impacts[J]. Transportation Research Record, 2003, 1831(1): 175-183.

[87]   DIANA M. Measuring the satisfaction of multimodal travelers for local transit services in different urban contexts[J]. Transportation Research Part A: Policy and Practice, 2012, 46(1): 1-11.

[88]   KANAI J M, GRANT R, JIANU R. Cities on and off the map: a bibliometric assessment of urban globalisation research[J]. Urban Studies, 2018, 55(12): 2569-2585.

[89]   MCFADDEN D, TRAIN K. Contingent valuation of environmental goods. a comprehensive critique[M]. Cheltenham: Edward Elgar Publishing, 2017.

[90]   HANG D, MCFADDEN D, TRAIN K, et al. Is vehicle depreciation a component of marginal travel cost?: a literature review and empirical analysis[J]. Journal of Transport Economics and Policy, 2016. 50(2): 132-150.

[91]   BLIEMER M C J, ROSE J M. Confidence intervals of willingness-to-

pay for random coefficient logit models[J]. Transportation Research Part B: Methodological, 2013, 58: 199-214.

[92] MCFADDEN D. Conditional logit analysis of qualitative choice behavior[M]// Frontiers in econometrics. New York: Academic Press, 1974.

[93] MCFADDEN D. Disaggregate behavioural travel demand's RUM side: a 30-year retrospective[M]// Travel Behaviour Research. Amsterdam: Elsevier, 2001: 17-63.

[94] SARRIAS M, DAZIANO R A. Multinomial logit models with continuous and discrete individual heterogeneity in R: the gmnl package[J]. Journal of Statistical Software, 2017, 79(2): 1-46.

[95] REDMOND L S, MOKHTARIAN P L. The positive utility of the commute: modeling ideal commute time and relative desired commute amount[J]. Transportation, 2001, 28(2): 179-205.

[96] MASSEY F J. The Kolmogorov-Smirnov test for goodness of fit[J]. Journal of the American Statistical Association, 1951, 46(253): 68-78.

[97] KENYON S, LYONS G. Introducing multitasking to the study of travel and ICT: examining its extent and assessing its potential importance[J]. Transportation Research Part A: Policy and Practice, 2007, 41(2): 161-175.

[98] SIVAK M, SCHOETTLE B. Motion sickness in self-driving vehicles: UMTRI-2015-12[R]. Michigan: The University of Michigan, Transportation Research Institute, 2015.

[99] BANSAL P, KOCKELMAN K M. Are we ready to embrace connected and self-driving vehicles? A case study of Texans[J]. Transportation, 2018, 45(2): 641-675.

[100] WADUD Z, HUDA F Y. Fully automated vehicles: the use of travel time and its association with intention to use[J]. Proceedings of the Institution of Civil Engineers - Transport, 2023, 176(3): 127-141.

[101] PUDĀNE B, RATAJ M, MOLIN E J E, et al. How will automated vehicles shape users' daily activities? Insights from focus groups with commuters in the Netherlands[J]. Transportation Research Part D: Transport and Environment, 2019, 71: 222-235.

[102] DIMAGGIO P, HARGITTAI E, CELESTE C, et al. Digital inequality: from unequal access to differentiated use[M]// Social inequalit. New York: Russell Sage Foundation. 2004: 355-400.

[103] VAN WEE B, GEURS K. Discussing equity and social exclusion in accessibility evaluations[J]. European Journal of Transport and Infrastructure Research, 2011, 11(4): 350-367.

[104] BEEBEEJAUN Y. Gender, urban space, and the right to everyday life[J]. Journal of Urban Affairs, 2017, 39(3): 323-334.

[105] SCHEINER J, HOLZ-RAU C. Women's complex daily lives: a gendered look at trip chaining and activity pattern entropy in Germany[J]. Transportation, 2017, 44(1): 117-138.

[106] KWAN M P. Gender and individual access to urban opportunities: a study using space-time measures[J]. The Professional Geographer, 1999, 51(2): 211-227.

[107] KWAN M P. Gender, the home-work link, and space-time patterns of nonemployment activities[J]. Economic Geography, 1999, 75(4): 370-394.

[108] CRANE R. Is there a quiet revolution in women's travel? Revisiting the gender gap in commuting[J]. Journal of the American Planning Association, 2007, 73(3): 298-316.

[109] HJORTHOL R. Daily mobility of men and women: a barometer of gender equality?[M]// Gendered Mobilities. London: Routledge, 2016: 193-210.

[110] WAJCMAN J. From women and technology to gendered technoscience[J]. Information, Communication & Society, 2007, 10(3): 287-298.

[111] SIEMIATYCKI M, ENRIGHT T, VALVERDE M. The gendered production of infrastructure[J]. Progress in Human Geography, 2020, 44(2): 297-314.

[112] LOHAN M, FAULKNER W. Masculinities and technologies: some introductory remarks[J]. Men and Masculinities, 2004, 6(4): 319-329.

[113] CRAIG L, MULLAN K. How mothers and fathers share childcare: a cross-national time-use comparison[J]. American Sociological Review, 2011, 76(6): 834-861.

[114] HÄGERSTRAND T. What about people in regional science?[J] Papers of the Regional Science Association, 1970, 24(1): 6-21.

[115] SMITH N. Uneven development: nature, capital, and the production of space [M]. 3rd ed. Athens: University of Georgia Press, 2008.

[116] LEFEBVRE H. The production of space[M]. Oxford: Blackwell, 1991.

[117] CHESLEY N. Blurring boundaries? Linking technology use, spillover, individual distress, and family satisfaction[J]. Journal of Marriage and Family, 2005, 67(5):

1237-1248.

[118] COHEN G A. Equality of what? On welfare, goods and capabilities[J]. Recherches Économiques De Louvain/Louvain Economic Review, 1990, 56(3/4): 357-382.

[119] HANANEL R, BERECHMAN J. Justice and transportation decision-making: the capabilities approach[J]. Transport Policy, 2016, 49: 78-85.

[120] MARTENS K, GOLUB A, ROBINSON G. A justice-theoretic approach to the distribution of transportation benefits: implications for transportation planning practice in the United States[J]. Transportation Research Part A: Policy and Practice, 2012, 46(4): 684-695.

[121] SEN A K. Equality of What?[M]// MC MURRIN,STERLING M.The Tanner lectures on human values. Cambridge: Cambridge University Press, 1980.

[122] COHEN G A. On the currency of egalitarian justice[J]. Ethics, 1989, 99(4): 906-944.

[123] ANGRIST J D, PISCHKE J S. Mostly harmless econometrics: an empiricist's companion[M]. Princeton: Princeton University Press, 2008.

[124] NEUTENS T, SCHWANEN T, WITLOX F. The prism of everyday life: towards a new research agenda for time geography[J]. Transport Reviews, 2011, 31(1): 25-47.

[125] ROBEYNS I. The capability approach: a theoretical survey[J]. Journal of Human Development, 2005, 6(1): 93-117.

[126] WELLS P, XENIAS D. From "freedom of the open road" to "cocooning": understanding resistance to change in personal private automobility[J]. Environmental Innovation and Societal Transitions, 2015, 16: 106-119.

[127] PEINE A, VAN COOTEN V, NEVEN L. Rejuvenating design: bikes, batteries, and older adopters in the diffusion of e-bikes[J]. Science, Technology & Human Values, 2017, 42(3): 429-459.

[128] RAWLS J. A theory of justice[M]. Cambridge: Belknap Press of Harvard University Press, 1971.

[129] IOANNIDES Y M, OVERMAN H G, ROSSI-HANSBERG E, et al. The effect of information and communication technologies on urban structure[J]. Economic Policy, 2008, 23(54): 201-242.

[130] PROOST S, THISSE J F. What can be learned from spatial economics?[J]. Journal

of Economic Literature, 2019, 57(3): 575-643.

[131] RAPPAPORT J. Productivity, congested commuting, and metro size: RWP 16-3[R/OL]. (2016-01-31)[2024-05-10]. https://doi.org/10.18651/RWP2016-03.

[132] AHLFELDT G M, PIETROSTEFANI E. The economic effects of density: a synthesis[J]. Journal of Urban Economics, 2019, 111: 93-107.

[133] HALL P. The future of the metropolis and its form[J]. Regional Studies, 1997, 31(3): 211-220.

[134] REDDING S J, ROSSI-HANSBERG E. Quantitative spatial economics[J]. Annual Review of Economics, 2017, 9(1): 21-58.

[135] AHLFELDT G M, REDDING S J, STURM D M, et al. The economics of density: evidence from the Berlin Wall[J]. Econometrica, 2015, 83(6): 2127-2189.

[136] BRINKMAN J C. Congestion, agglomeration, and the structure of cities [J]. Journal of Urban Economics, 2016, 94: 13-31.

[137] ANAS A, KIM I. General equilibrium models of polycentric urban land use with endogenous congestion and job agglomeration[J]. Journal of Urban Economics, 1996, 40(2): 232-256.

[138] JIN J, RAFFERTY P. Does congestion negatively affect income growth and employment growth? Empirical evidence from US metropolitan regions[J]. Transport Policy, 2017, 55: 1-8.

[139] SWEET M. Traffic congestion's economic impacts: evidence from U.S. metropolitan regions[J]. Urban Studies, 2014, 51(10): 2088-2110.

[140] DURANTON G, TURNER M A. The fundamental law of road congestion: evidence from U.S. cities[J]. American Economic Review, 2011, 101(6): 2616-2652.

[141] DURANTON G, TURNER M A. Urban growth and transportation[J]. The Review of Economic Studies, 2012, 79(4): 1407-1440.

[142] HELSLEY R W, SULLIVAN A M. Urban subcenter formation[J]. Regional Science and Urban Economics, 1991, 21(2): 255-275.

[143] KASRAIAN D, MAAT K, STEAD D, et al. Long-term impacts of transport infrastructure networks on land-use change: an international review of empirical studies[J]. Transport Reviews, 2016, 36(6): 772-792.

[144] PAULSEN K. Yet even more evidence on the spatial size of cities: urban spatial

expansion in the U.S., 1980—2000[J]. Regional Science and Urban Economics, 2012, 42(4): 561-568.

[145] SPIVEY C. The mills—Muth model of urban spatial structure: surviving the test of time?[J]. Urban Studies, 2008, 45(2): 295-312.

[146] AHLFELDT G M, MOELLER K, WENDLAND N. Chicken or egg? The PVAR econometrics of transportation[J]. Journal of Economic Geography, 2015, 15(6): 1169-1193.

[147] BLANCHARD O J, KATZ L F, HALL R E, et al. Regional evolutions [J]. Brookings Papers on Economic Activity, Economic Studies Program, The Brookings Institution, 1992, 23(1): 1-75.

[148] CHERNOZHUKOV V, FERNÁNDEZ-VAL I, MELLY B. Inference on counterfactual distributions[J]. Econometrica, 2013, 81(6): 2205-2268.

[149] HENDERSON J V, STOREYGARD A, WEIL D N. Measuring economic growth from outer space[J]. American Economic Review, 2012, 102(2): 994-1028.

[150] ZHANG Q L, PANDEY B, SETO K C. A robust method to generate a consistent time series from DMSP/OLS nighttime light data[J]. IEEE Transactions on Geoscience and Remote Sensing, 2016, 54(10): 5821-5831.

[151] SCHRANK D, EISELE B, LOMAX T. 2019 urban mobility report[R/OL]. Texas A&M Transportation Institute. (2019-08-01)[2020-10-10]. https://static.tti.tamu.edu/tti.tamu.edu/documents/umr/archive/mobility-report-2019.pdf.

[152] OSMAN T, THOMAS T, MONDSCHEIN A, et al. Does traffic congestion influence the location of new business establishments? An analysis of the San Francisco Bay Area[J]. Urban Studies, 2019, 56(5): 1026-1041.

[153] MELILLO J M, RICHMOND T, YOHE G. Climate change impacts in the United States: Third National Climate Assessment[R]. Washington DC: The U.S. Government Printing Office, 2014.

[154] LOVELAND T, MAHMOOD R, PATEL-WEYNAND T, et al. National climate assessment technical report on the impacts of climate and land use and land cover change: Open-File Report 2012—1155[M].Asheville: BiblioGov, 2013.

[155] REIDMILLER D R, AVERY C W, EASTERLING D R, et al. Impacts, risks, and adaptation in the United States: Fourth National Climate Assessment [R/OL].

Washington DC:U.S. Global Change Research Program. (2018-11-23)[2019-06-21]. https://nca2018.globalchange.gov/.

[156] KLUGER A N. Commute variability and strain[J]. Journal of Organizational Behavior, 1998, 19(2): 147-165.

[157] COUTURE V, HANDBURY J. Urban revival in America[J]. Journal of Urban Economics, 2020, 119: 103267.

[158] COHEN T, CAVOLI C. Automated vehicles: exploring possible consequences of government (non) intervention for congestion and accessibility[J]. Transport Reviews, 2019, 39(1): 129-151.

[159] EDWARDS G A S, BULKELEY H. Heterotopia and the urban politics of climate change experimentation[J]. Environment and Planning D: Society and Space, 2018, 36(2): 350-369.

[160] GROSS M, KROHN W. Society as experiment: sociological foundations for a self-experimental society[J]. History of the Human Sciences, 2005, 18(2): 63-86.

[161] REPKO A F, SZOSTAK R, BUCHBERGER M P. Introduction to interdisciplinary studies[M]. Thousand Oaks: SAGE Publications, 2019.

[162] LI W, BIAN J, LEE C, et al. Interdisciplinary and project-based service learning for smart and connected communities: insights from ENDEAVR[J]. Journal of Interdisciplinary Studies in Education, 2023. 12(2): 304-334.

[163] MCCARTHY A M, TUCKER M L. Encouraging community service through service learning[J]. Journal of Management Education, 2002, 26(6): 629-647.

[164] NOVAK J M, MARKEY V, ALLEN M. Evaluating cognitive outcomes of service learning in higher education: a meta-analysis[J]. Communication Research Reports, 2007, 24(2): 149-157.

[165] FREEMARK Y, HUDSON A, ZHAO J H. Are cities prepared for autonomous vehicles? Planning for technological change by U.S. local governments [J]. Journal of the American Planning Association, 2019, 85(2): 133-151.

[166] HARVEY D. Marx, capital and the madness of economic reason[M]. Oxford: Oxford University Press. 2017.

[167] LUTZ C. The U.S. car colossus and the production of inequality[J]. American Ethnologist, 2014, 41(2): 232-245.

[168] KENYON S. Understanding social exclusion and social inclusion[J]. Proceedings

of the Institution of Civil Engineers-Municipal Engineer, 2003, 156(2): 97-104.

[169] OBENG-ODOOM F. Reconstructing urban economics: towards a political economy of the built environment[M]. London: Zed Books, 2016.

[170] DERBYSHIRE J. Answers to questions on uncertainty in geography: old lessons and new scenario tools[J]. Environment and Planning A: Economy and Space, 2020, 52(4): 710-727.

[171] BISSELL D, BIRTCHNELL T, ELLIOTT A, et al. Autonomous automobilities: the social impacts of driverless vehicles[J]. Current Sociology, 2020, 68(1): 116-134.

[172] 柴彦威，谭一洺，申悦，等．空间：行为互动理论构建的基本思路 [J]. 地理研究，2017，36（10）：1959–1970.

后记

  自动驾驶汽车的研究是一项极具挑战性而又引人入胜的智力活动。在这一过程中，我很幸运能够与许多杰出的学者合作，包括李威（Wei Li）教授、李车男（Chanam Lee）教授、香农·范·赞特（Shannon Van Zant）教授、瑞贝卡·杜登辛（Rebekka Dudensing）教授、库马雷什·辛哈（Kumares Sinha）教授和马克·伯里斯（Mark Burris）教授。正是由于他们无条件且持续的支持，我们的研究工作得以顺利展开。幸运的是，这项研究工作促成了这本书的出版，并产出了多篇学术论文见诸《城市研究》（*Urban Studies*）、《交通运输研究分册 D：交通运输与环境》（*Transportation Research Part D：Transport and Environment*）等期刊。

  另外，我指导的学生们也参与了本书的出版，其中王润雨对研究资料进行了翻译和整理，王孙绪涵、阚贝儿参与了实地调研、整理和撰写案例分析，余娴静参与了图表的制作。我要感谢他们在研究过程中付出的努力，他们所展示出来的好奇心、责任心和专业态度令人印象深刻，相信这些品质能帮助他们事业成功、生活顺利。

  本书出版受到教育部哲学社会科学实验室——中国人民大学"数字政府与国家治理实验室"的资助，案例研究得到国家自然科学基金（项目批准号 42301285）的资助。

  最后，感谢我的母亲唐素春和父亲仲义，感谢他们成为我从事公共服务的楷模，并给予我无条件的爱。